戎光祥レイルウェイリブレット
2

電気鉄道のセクション
直流・交流の電力供給と区分装置

持永芳文

戎光祥出版

鹿児島本線（北九州地区）の変電所前の交流20kVのデッドセクションを通過する713系交流電車（日本で最初の本格的な交流回生ブレーキ付き電車・サイリスタ純ブリッジ方式・位相制御・直流直巻電動機駆動）。左の電柱に「交流死線標識」があり、電車の惰行区間を示している

山手貨物線の渋谷～大崎間を行く直流1500V方式の185系直流特急電車（「踊り子」に充当）。電車の右上にエアーセクションが見える

青函トンネルの木古内方出口を行く交流20kV・ED79形電気機関車(低圧タップ電圧連続制御、抑速回生ブレーキ付き)が牽引する快速「海峡」。交流区間では、前後2台のパンタグラフのうち後ろの1台を使用する

1988(昭和63)年に開業した本四備讃線は3箇所のつり橋がある。橋梁のたわみによって生じる桁端の角折れと温度変化による桁の伸縮がある。電車線は直流1500Vのエアーセクションを用いて対応しているが、レールには緩衝桁を用いた差込み桁方式の伸縮装置が開発された (参照:「電気鉄道ハンドブック」コロナ社)
JR四国213系クロ212形電車(マリンライナー)

中央本線(三鷹~立川間)の変電所前の直流1500Vエアーセクション(き電ちょう架方式+鋼管柱)を通過するE257系特急形直流電車(「かいじ」に充当)。VVVFインバータ制御+誘導電動機、電力回生ブレーキ

小田急10000形電車(HiSE〔High Super Express〕車)(直流1500V抵抗+弱め界磁制御)。営業最高速度は110km/h。先頭車に展望席があり、連接電動台車を搭載する

京王線の調布〜府中間の直流1500Vエアージョイントを行く、東京都交通局10-300形電車。京王線と東京都交通局新宿線の軌間は1372mmで馬車軌間と呼ばれる。VVVFインバータ制御＋誘導電動機

西武多摩川線（武蔵境〜是政）を行く直流1500V方式・新101系電車（ワンマン対応改造車・抵抗制御）とエアージョイント。ガントリーには三相特別高圧送電線が架設されている

関門トンネルの415系
交直流セクションを行く国鉄近郊形電車

関門トンネル区間を挟む列車に充当される415系電車。国鉄交直流電車のスタイルを今に伝える

415系は数少ない国鉄型電車の生き残り。車体番号などの標記も国鉄時代のものが踏襲される

415系電車の先頭部には、架線電圧を検知する静電アンテナが設置されている

　全国にはいくつかの交直セクションがあるが、山陽本線の下関〜門司間に設置されたセクションはその中でも最初期に設置されたものである。この区間にある本州と九州をつなぐ海底トンネル・関門トンネルは開通当初から直流電化されているが、九州地区の電化は交流で行われることとなり、門司駅構内の門司駅ホーム〜関門トンネル入口付近に交直セクションが設置された。
　現在、下関〜門司間を走行する旅客列車は「普通」のみで、国鉄時代に製造

交直セクションの手前に設置される「惰行標」

門司駅のホーム端部（下関寄り）には、運転士に交直切替がある旨を伝える注意喚起板が設置されている

門司を出発するとすぐに交直セクションに入る。出発信号機は山陽本線（関門トンネル）と鹿児島本線（門司港）のそれぞれのものが設置されている

関門間の交直セクションは車上で交直流が切替られる。無電圧区間を走行する際には室内の蛍光灯が消える

無電圧区間の架線（ちょう架線・トロリ線）。懸垂がいしが設置されている

された415系電車（JR九州所属）が充当される。下関、門司の両駅では、出発前に交直切換器の動作試験が行われ、ホームには激しい空気音（作動音）が響き渡る。無電圧区間を通る際には、惰行で走行する必要があるため、列車は時速40km程度の速度を維持する必要がある。415系電車はサービス電源供給用の静止形インバータ（SIV：static inverter）を搭載していないため、無電圧区間を走行する際は室内灯が消灯する。

交直流電車の屋根上機器

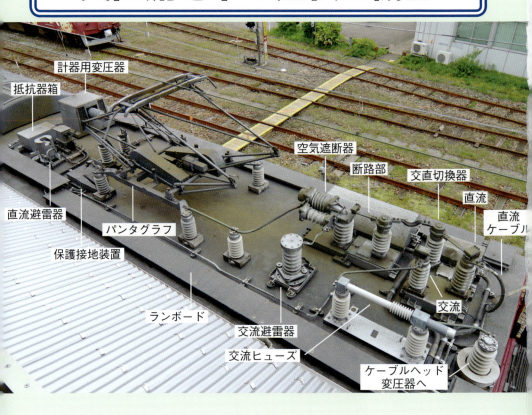

　交直流電車は直流区間と交流区間の双方を走行するため、交流、直流双方の安全装置や交直切換器などの搭載が必要となり、機器類の設置が非常に多い。特にパンタグラフ周辺の屋根上には双方に対応した機器のほか、空気配管が並べられている。

　写真は北陸地区で活躍する415系電車で、国鉄時代の交直流電車のスタイルを色濃く残す車両である。奥に見える横長い装置は交直を切り替える際に主回路を遮断するための「空気遮断器（ABB：air blast breaker)と断路部」その右横にある交直切換器と連動する。交直切換器は駅停車時などにも動作確認が行われるが、大きな空気音がするためホームからもその動きを認識することができる。

戎光祥レイルウェイリブレット
2

電気鉄道のセクション

直流・交流の電力供給と区分装置

持永芳文

戎光祥出版

『電気鉄道のセクション』の刊行によせて

　今でこそ新幹線は高速鉄道の元祖、世界に冠たる成功例などともてはやされているが、技術開発の当初、薄氷を踏む思いをしたものがあった。それがBTセクションと呼ばれる電車線の弱点箇所で、一時は最悪の場合、東京〜大阪間の片道走行毎に電気火花で摩耗するパンタグラフの摺板を交換することまで覚悟した。当時の国鉄技術者の懸命の対策で、BTセクションに抵抗を挿入して火花を軽減し、パンタグラフの摺板を当初の銅系の材料から鉄系に変えることで数往復は交換せずに済むレベルになって無事開業を迎えたのであった。根本的な対策としてBTセクションそのものが不要なAT方式になって、集電問題が解決したのは開業後四半世紀を過ぎた1991（平成3）年のことだった。

　昔の東京の地下鉄は駅に着くたびに車内灯がいったん消えて、豆電球のような予備灯に切り替わったものだが、これもセクションのいたずらだった。最近は技術の進歩で車内灯は点いたままだが、その仕組みを知る人は多くない。

　2015（平成27）年8月には横浜港の花火大会で賑わっていた桜木町近くの京浜東北根岸線のエアーセクション箇所で架線切断の事故があり、長時間不通になった。この事故では原因や対策にさまざまな議論があり、中には誤解に基づいた解説ならぬ「怪説」も多く飛び出した。

　日本の鉄道は電気鉄道と言って良いほどに、つまり電化していない路線の列車も電車と呼ばれるほどに電気鉄道は大切なのに、鉄道への電力供給に対する知識は、鉄道ファンも含めてあやふやだ。

曽根悟氏はVVVFインバータ制御・誘導電動機駆動電車の開発にも深く関わっていた。写真はこの方式の直流1 500Vの鉄道での量産車としては世界初（1985〔昭和60〕年）の新京成電鉄の8800系電車である

この分野の専門家で、電気鉄道の技術書を多く手がけている、持永 芳文博士によるセクションの専門書が、戎光祥レイルウェイリブレットの第2巻として出るきっかけになったのは、工学院大学の鉄道講座が縁を取り持ったのだった。

　鉄道ファンでもあまり知らないことで、実はかなり重要なことが本書には多く書かれている。著者のような国鉄系の技術者は得てして国鉄・JRの技術が全てであるかのような書き方をしがちであるが、日本の電車は路面電車から発達してきたし、伝統的に電車の技術をリードしてきたのは私鉄・公民鉄であり、電気鉄道の技術は海外には日本と違う点も少なくない。本書はこのような点にも配慮されている。鉄道ファンばかりでなく、電気鉄道関係者に広く読んでほしい一冊である。

2016年8月　　　　　　　　　　　　　工学院大学特任教授　　　曽根　悟

JR東海が開発した300系電車の先行試作車。PWMコンバータ＋VVVFインバータを用いた誘導電動機駆動方式で、電力回生ブレーキを常用する世界初の方式を確立した。集電システム改善の結果、パンタグラフの数は5→3→2台／編成になった

JR東海とJR西日本が共同開発した700系電車。写真の7000番台は山陽新幹線に投入されており、多様な車内設備が特徴である

JR東日本新幹線E5系電車。現在、世界最速の320km/h運転を行っている。車外騒音対策で、すり板を多分割した特殊なパンタグラフ1台で集電している

JR東日本新幹線E7系電車。北陸新幹線の50/60Hz異周波電源区間を走行する。JR西日本のW7系電車も実質的に同じものである。先頭車の後位には架線の電気の電圧を検知する「静電アンテナ」が設置される

はじめに

　電気鉄道には直流方式および交流方式があり、これらの電力を変電所から電車線（架線）と集電装置（パンタグラフ）を介して電車へ供給（き電という）している。

　このため、変電所やき電区分所など、異なる電力が突合せとなる箇所では、電車線が区分される。さらに、電車線に事故が発生した場合や、保全のために停電を行う場合などに、き電停止区間を限定している。このように電気的に区分する装置を「電気的区分装置」または「セクション」と称している。

　また、トロリ線はドラムに巻かれたものを延線しており、電車線を一定の長さごとに引留めるために、および電車線の温度変化による架線の伸縮を調整するために機械的区分装置を用いている。この装置を「ジョイント」と称しており、電気的には接続されている。

　電気鉄道は、速度制御が容易で大きな始動トルクが得られる直流電動機を直接駆動できる、直流600Vクラスの電気鉄道からスタートして、その後昇圧したため、関東甲信越、東海、関西、中国などの都市部は直流1 500Vを主とした電気鉄道である。アジア太平洋戦争の終戦後、輸送力の増強が必要になり、き電電圧の高い商用周波単相交流方式に着目して開発がすすめられ、北陸、東北、九州、北海道地方の幹線で採用されていった。さらに交流き電方式は大電力の供給に適するため、単相交流25kV方式が新幹線のき電方式として発展していった。

長崎本線の交流き電用変電所を通過する485系時代の特急「かもめ」

京王線の直流エアージョイントを走行する8000系電車

そこで、電力供給方式について述べるとととともに、電車線路の重要な構成要素である、各種の区分装置について、絶縁離隔や構成の面から述べている。

交直デッドセクション（交流→直流）羽越線村上

最近は海外との技術交流が盛んに行なわれるようになってきた。そこで代表的な電気鉄道として欧州の鉄道を紹介するとともにセクションについて述べた。

読者の皆様には、区分装置のみならず、電気鉄道の電力供給方式（き電方式）に興味を持っていただければ幸いである。

また、随所にセクションを含めて電車・電気機関車の写真を紹介しているが、最新の形式にとらわれず、多岐にわたり特徴のある車両を紹介している。

今回、工学院大学オープンカレッジ鉄道講座が縁で、戎光祥出版の小関秀彦課長からセクションについて執筆のお話をいただき、筆者の経験を中心にまとめる機会を得た。特に鉄道講座の企画・監修をされている曽根悟特任教授には、全般にわたり貴重なアドバイスをいただいたことに感謝いたします。

執筆にあたり、電気方式と電化キロについては、西日本電気システムの柴川久光氏のご協力を得たこと、区分装置の機械的・構造的な面からは、三和テッキの島田健夫三技師長のアドバイスをいただいたことに感謝いたします。

2016年8月　　　　　　　　　　　　　　　　　　　　　　　　持永芳文

電気鉄道のセクション
直流・交流の電力供給と区分装置

目　　次

カラーグラフ……………………………………………………	2
関門トンネルの415系…………………………………………	6
交直流電車の屋根上機器………………………………………	8
「電気鉄道のセクション」の刊行に寄せて　曽根悟…………	10
はじめに…………………………………………………………	12

第1章　電気方式による電気鉄道の分類

1	直流き電方式と交流き電方式…………………………	18
2	日本の電気方式…………………………………………	21
3	セクションの現状………………………………………	24
4	標識………………………………………………………	29

第2章　直流き電方式

1	直流き電回路の構成（基本構成）……………………	32
2	電車線の引留とセクション……………………………	37
3	地下鉄のセクション（第三軌条・剛体電車線）……	43
4	異電圧セクション………………………………………	46
5	案内軌条方式（新交通システム）……………………	48
6	直流き電用変電所………………………………………	49
7	変電所前での列車のセクション通過に伴う現象……	54

第3章　交流き電方式

1. 交流き電回路の構成……………………………………… 62
2. 各種交流き電方式………………………………………… 69
3. 区分装置…………………………………………………… 76
4. 交流き電用変電所………………………………………… 81
5. 交流電気鉄道における異相電源区分…………………… 87
6. 車両基地き電と同相セクション………………………… 98

第4章　直流電気鉄道と交流電気鉄道の境界

1. 交直区分用セクションの考え方………………………… 102
2. セクション冒進時の保護方式とセクション長………… 105
3. 直流遊流阻止対策………………………………………… 106

第5章　海外の電気鉄道とセクション

1. 海外の電気鉄道…………………………………………… 112
2. 高速列車とパンタグラフ………………………………… 114
3. 海外のセクションの現況………………………………… 117
4. 海外の高速鉄道のセクションの動向…………………… 119

参考文献……………………………………………………………… 123
JR・第三セクター鉄道の電化と営業キロ……………………… 124
各種の電気鉄道とその車両……………………………………… 128
索引（INDEX）…………………………………………………… 132
おわりに……………………………………………………………… 134

コラム

電気車用主電動機	20
交流電化発祥地記念碑	21
起点標	25
北陸新幹線 E7 系電車パンタグラフ	27
トロリポール	27
在来線電車のパンタグラフ	28
VVVF インバータ＋誘導電動機駆動電車	38
検修庫セクション	43
交通営団 300 形地下鉄電車	47
箱根登山鉄道 1000 形電車	48
埼玉新都市交通・伊奈線	49
相互直通運転における電力の突合せ	50
ビューゲル	59
回生車と電力貯蔵装置	60
955 形（300X）試験電車	64
0 系新幹線電車	73
特別高圧母線引通し	83
不等辺スコット結線変圧器（三相／単相変換）	85
車両用変圧器の無負荷励磁突入電流	88
サイリスタ純ブリッジ制御電車	89
東海道・山陽新幹線 N700 系電車	93
新幹線電車のパンタグラフ	95
レール絶縁と車輪の電流遮断	97
関門トンネル	103
つくばエクスプレス交直流電車	105
地磁気観測所	108
EF81 形交直流電気機関車	110
日本の電車線路電圧	114

第1章 電気方式による電気鉄道の分類

交直セクション（直流→交流）の様子。左側の標識は無電圧区間であることを示している（七尾線の津幡～中津幡間）

　1895（明治28）年、わが国初の電気鉄道・京都電気鉄道が直流500V方式で営業を開始。その後、各地の私鉄で電化が進行していく。国鉄の電化区間は、1904（明治37）年に甲武鉄道から買収された御茶ノ水～中野間が最初の区間で、その後都市周辺から電化区間が延伸されていった。戦後は交流電気鉄道の検討も進められ、1957（昭和32）年に仙山線および北陸本線が単相交流20kV・BTき電方式で電化され、交流電化の嚆矢となる。1964（昭和39）年10月には東海道新幹線が60Hz・25kV・BTき電方式で完成している。

　き電回路では電力を区分するため、直流電気鉄道はエアーセクション、交流電気鉄道は異相セクションを設けている。さらに駅や車両基地には同相セクションが設けられている。本章では、各種電気方式の特徴や電化キロ、セクションの要件や設備の概数、区分標識、各種パンタグラフについて述べる。

図 1.1.1　先走りの少年を乗せて鴨川を渡る京都電気鉄道の電車（「鉄道電化と電気鉄道のあゆみ」鉄道電化協会より）

1　直流き電方式と交流き電方式 (1)(2)

　移動する電気車に電力を供給することを、饋電（きでん）という。

　き電方式は大別して直流き電方式と交流き電方式がある。わが国における交流き電方式は、商用周波単相交流き電方式と、三相交流き電方式がある。三相交流き電方式は新交通システムに用いられている600V方式のみで僅かであるので詳細は省略する。

　電力は変電所から電車線路へ供給（き電）しており、変電所や、その電力が突合せになるき電区分所などでは、トロリ線（架線）が電気的区分装置（セクション、section）で区分される。また、トロリ線は電線ドラムに巻かれており、1ドラムの長さは約1 500mであること、および電車線の温度変化による架線の伸縮を調整する必要がある。このため、架線を適切な長さに区切り、その境には機械的区分装置（ジョイント、joint）が設置されている。

1. 直流き電方式 (1)(2)

　直流き電方式は、電気鉄道の主電動機として、速度制御やけん引性能に優れている直流直巻電動機を電車線路電圧からそのまま使用できるため、電気鉄道は直流き電方式から始まった。

　わが国で最初の電気鉄道は、京都市の蹴上水力発電所に設置した直流発電

機を用いて、1895（明治28）年に営業を開始した京都電気鉄道（図1.1.1　のちの京都市電）であり、その後、名古屋、関東、さらに関西に広まっており、民鉄から始まっている。当時は多くの民鉄は自営発電所で電気鉄道を運行、または電力事業を営んでいた。

き電電圧は、当初は500V~600V程度であったが、最近の直流き電方式の幹線や近郊鉄道は1 500Vが主になっている。また最近では、パワーエレクトロニクス技術の進歩により、可変電圧可変周波数（VVVF：variable voltage variable frequency）制御インバータを車両に搭載して、取扱いが容易で丈夫な誘導電動機の回転速度を制御して電車を駆動する方式が主になっている。さらに、永久磁石同期電動機方式も増えてきている。

また、直流600V~1 500Vを用いており、電圧が低いため、トンネル断面を小さくできるとともに、跨線橋の高さを低くできるメリットがある。このため、運転頻度の高い線区や地下鉄では、車両コストや絶縁離隔の面から直流き電方式が有利である。

一方、き電電圧が低いため負荷電流が大きく、電圧変動が大きいので、変電所間隔が短く、地上に整流器が必要である。また、レールからの漏れ電流による電食についても考慮が必要である。

2. 商用周波単相交流き電方式 (1) (2)

交流き電方式は、アジア太平洋戦争後の輸送量の増加に対処するため、ドイツが基礎を構築し、フランスが第二次世界大戦後の1948（昭和23）年～1951（昭和26）年に完成させた商用周波数交流電気鉄道システムを参考に、わが国でも開発が進められたもので、1957（昭和32）年に仙山線および北陸本線でわが国初の単相交流電化が完成した。電力会社の商用周波電源を用いるため、変電設備は簡単で、き電電圧を高くできるので、負荷電流が小さく、電圧変動が小さいので、変電所間隔が長くなり、大電力の供給に適している。き電電圧は標準電圧を在来線が20kV、新幹線が25kVとしている。直流き電方式に比較して、車両に変圧器や整流器が必要なため、車両設備が複雑になることや、電車線路の絶縁離隔が大きくなる。

単相交流き電方式は、半導体電力変換装置の進歩により車両で容易に直流に変換し、VVVFインバータにより誘導電動機の駆動制御ができるようになり、新幹線など高速鉄道の方式として発展している。

[コラム] 電気車用主電動機

電気車に用いる主電動機には①起動時や勾配を走るときに強大なトルクを出せること、②速度制御が容易で広い速度範囲で高効率を維持できること、③並列運転で負荷の不平衡がないこと、④小型軽量で防水、防塵、耐振性を有すること、が要求される。そこで、長い間直流直巻電動機が用いられてきた。

その後、パワーエレクトロニクス技術の進歩により、1982（昭和57）年にサイリスタを用いたVVVFインバータで誘導電動機を駆動する方式が熊本市電で実用化された。1980（昭和55）年にGTOサイリスタが日本で生まれるとVVVF制御インバータの製作が容易になり、1985（昭和60）年前後から民鉄を最初に、小型で堅牢な、誘導電動機の本格的な実用化が始まった。誘導電動機の回転にはすべりがあり、車輪径の偏差を吸収できるため、通常1台のインバータには4個の電動機が接続する。

1980年代に入ってネオジム系（Nd-Fe-B系）の強力な磁石が登場し、高い効率を目指して永久磁石同期電動機が使用されつつある。回転子には表面磁石形（SPM：surface permanent model）と埋込み磁石形（IPM：inner permanent model）があるが、可変速用にはIPM形が多く用いられる。周波数に同期して回転するため、1個の電動機に対して1台のVVVFインバータが必要である。

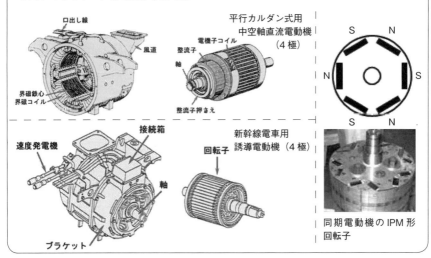

同期電動機のIPM形回転子

第1章 電気方式による電気鉄道の分類

> **[コラム]交流電化発祥地記念碑**
>
> 仙山線の北仙台〜作並間は交流電化の試験線となり、北陸本線の田村〜敦賀間は最初の交流電化区間となったことから、ともに沿線には記念碑が設置されている。
>
>
>
>
> ▲交流電化発祥之地記念碑（北陸本線敦賀運転所）
>
> ◀交流電化発祥地記念碑（仙山線作並駅）

2 日本の電気方式

1. 民鉄

都市鉄道を緒とした公営を含む民鉄の電気鉄道は、主として中短距離の電車輸送を中心に発達し、電化キロは1920年代に急速に増加している。表1.2.1に公・民鉄の電気方式（2014［平成26］年3月現在）を示す。公営を含む民鉄の営業キロは2014（平成26）年3月末現在で7 566.1 km、電化キロが5 946.4 kmで、電化率が78.6％である。このうち、直流電気鉄道は1 500V方式が4 651.5 km、750Vおよび600Vが810.4 kmである。交流電気鉄道は20kV方式が400.4 km（BT：211.0 km、AT：189.4 km）である。この他に、直流440Vが1.3 km、三相交流600V方式が60.3 km、鋼索鉄道が22.5 kmである(3)。

一般に、大手民鉄は直流1 500V、地下鉄など第三軌条方式が直流600Vまたは750V、中小民鉄では直流600Vまたは750V、路面電車が直流600Vを採用している。三相交流600Vはゴムタイヤ式新交通システムに用いられている。

2015（平成27）年3月には、北陸新幹線（長野・金沢間）開業のため、並行在来線の、長野〜直江津〜糸魚川間（直流113.8 km）、糸魚川〜金沢間（交

表1.2.1 公・民鉄の電気方式（2014［平成26］年3月末現在）（3）

鉄道形態	電化キロ（km）						（直流：DC, 交流：AC）
	DC1500V	DC750V	DC600V	AC20kV	三相600V	鋼索	合計
普通鉄道 ※1	4 068.2	105.7	399.4	400.4			4 973.7
地下鉄道	457.1	132.5	94.7				684.3
案内軌条式 ※2	33.7	50.2			60.3		144.2
跨座式モノレール	70.7	17.8					88.5
懸垂式モノレール	21.8		0.3(1.3)※3				23.4
鋼索鉄道						22.5	22.5
無軌条電車			9.8				9.8
鉄道合計	4 494.3	180.3	320.3	400.4	27.3	22.5	5 445.1
軌道合計 ※4	157.2	125.9	183.9 (1.3)		33.0		501.3
合計	4 651.5	306.2	504.2 (1.3)	400.4	60.3	22.5	5 946.4

※1 普通鉄道には路面電車を含む。※2 案内軌条式には札幌市地下鉄を含む。3 懸垂式モノレールの（1.3）はDC440V。
※4 軌道法に基づく分類を示す

流BT：138.4km）が第三セクターとして移行した。

2016（平成28）年3月には北海道新幹線（新青森・新函館北斗間）開業のため、並行在来線の木古内〜五稜郭間（交流AT：37.8km）が第三セクター鉄道（道南いさりび鉄道）に移行した。

2. JRグループ

国鉄の初めての直流電気鉄道は1906（明治39）年に甲武鉄道の御茶ノ水〜中野間を買収したときであり、戦時中は電化が進まなかったが、アジア太平洋戦争後積極的に電化が行われている。1957（昭和32）年に交流電化による営業運転が開始され、1964（昭和39）年に東海道新幹線が開業している。

JR在来線の電気方式は、主に関東甲信越・東海・関西・中国および四国地方が直流1 500V方式で、北海道・東北・北陸および九州地方が交流20kV方式である。新幹線は交流25kV方式である。図1.2.1は2016（平成28）年3月現在のJRグループの電気鉄道の現状である（2）（詳細は付録参照）。

表1.2.2は、2016（平成28）年3月末現在（北海道新幹線〔新青森・新函館北斗間〕開業時点）のJRの営業キロと電化キロであり、直流き電方式と、在来線と新幹線を合わせた交流き電方式を比較すると、ほぼ同程度の電化キロである。

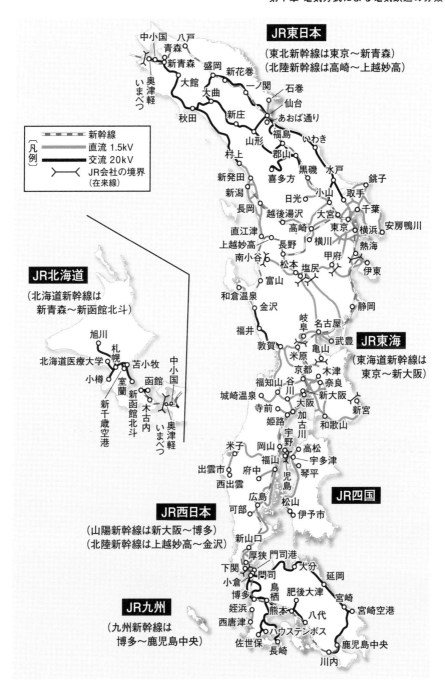

図 1.2.1 JR グループの電気鉄道の現状（2016[平成 28] 年 3 月現在）

表 1.2.2　JRの営業キロと電化キロ（2016［平成 28］年 3 月現在）

線区	営業キロ (km)	在来線電化キロ (km)					新幹線 (km)	
		DC1 500V	AC20 kV	AC25 kV	合計	電化率（%）	営業キロ	実キロ
JR 北海道	2 336.0		355.2	1.6	356.8	15.3	148.8	148.8
JR 東日本	6 308.9	2 595.1	16 84.6	1.8	4 281.5	67.9	1 194.2	1 121.3
JR 東海	1 429.4	958.4			958.4	67.0	552.6	515.4
JR 西日本	4 201.0	2 399.7	130.7	8.5	2 538.9	60.4	812.6	722.3
JR 四国	855.2	235.4			235.4	27.5		
JR 九州	1 984.1	51.1	1 008.6		1 059.7	53.4	288.9	256.7
旅客合計	17 114.6	6 239.7	3 179.1	11.9	9 430.7	55.0	―	―
貨物	40.8	8.7	3.7		12.4	30.4	―	―
合計	17 155.4	6 248.4	3 182.8	11.9	9 443.1	55.0	2 997.1	2 764.6

＊1　在来線（20kV）は、BTき電 1 711.2km、ATき電 1 411.6km、計 3 182.8km
＊2　新幹線（交流 25kV）越後湯沢～ガーラ湯沢 1.8kmは在来線扱い、博多南線供用区間 8.5kmは在来線再掲、北海道新幹線共用区間 82.0km（中小国・分岐～木古内・分岐）は新幹線扱い
＊3　新幹線（交流 25kV）は実キロ表示で、ATき電 2 749.9km、同軸ケーブルき電 14.7km、電化率 100%

3　セクションの現状

1. セクションの概数

　変電所では一般にπ形き電と称して、異なる遮断器を用いて電力を方面別にき電している。このため、直流電気鉄道では、き電用変電所のき電引出し箇所では、エアーセクション（air section）、（地下鉄・第三軌条はデッドセクション〔dead section〕）で電車線路を区分している。変電所と変電所の間にはき電区分所があり、常時は並列き電になっているが、系統運用により区分されるので、エアーセクションとしている。

　また、民鉄では直流 1 500V方式と直流 750V方式および 600V方式が混在しており、両者の直通運転を行うため、箱根登山鉄道の箱根湯本駅などに異電圧セクションがある。

　一方、交流電気鉄道では、き電用変電所で電力会社の三相を二相に変換しており方面別の電力の位相が 90°異なるため（3.4.1 項参照）、また、き電区分所では隣接する変電所の電力が突合せになるため、異相セクションで区分している。異相セクションとして、在来線（交流 20kV）はデッドセクションを、

[コラム] 起点標

東京駅は東海道本線、東北本線、総武本線、および東海道新幹線、東北新幹線の始発駅であり、各線ごとにホームから見える線路敷きに起点標（ゼロキロポスト）がある。中央本線の正式な起点は神田駅であるが、東京駅に起点標がある。この起点標を基準にして、線路敷に1kmごとに距離標（キロポスト）が設けられる。

東京駅中央線ホームの起点標

新幹線（交流25kV）はエアーセクションと切替開閉器を組み合わせた切替セクションを用いている。さらに、保守作業や事故時の区分のため、補助き電区分所や区分断路器ポストがあり、エアーセクションを用いている。

表1.3.1は鉄道年報などから求めた、き電用変電所の箇所数である。この表より、直流電気鉄道はエアーセクションが変電所のき電引出し箇所に約1 600箇所で、これにき電区分所箇所が加わる。交流方式はき電区分所箇所を加えて、交流（20kV）方式はデッドセクションが約190箇所、新幹線は切替セクションが約140箇所あるといえる。

在来線で直流方式と交流方式の境界で、交直突き合せになる交直セクションは、JR東北本線（黒磯）、常磐線（取手～藤代間）、水戸線（小山～小田林間）、羽越線（村上～間島間）、北陸本線（敦賀～今庄間）、七尾線（津幡～中津幡間）、鹿児島本線（門司、門司操車場）、えちごトキメキ鉄道（糸魚川～梶屋敷間）つくばエクスプレス（守谷～みらい平間）など、9路線・10箇所である。

新幹線（25kV）と在来線（20kV）が接続されている、山形新幹線（福島）と秋田新幹線（盛岡）、および北海道新幹線と貨物が共用する青函トンネルの青森方と函館方の分岐には異電圧セクションがあり、長さ8mのFRPのデッドセクションを用いている。セクション箇所でレールも絶縁している。

在来線のAT（単巻変圧器）き電回路で、き電回路が長い場合や延長き電時の電圧降下対策として、タップ付き変圧器とサイリスタスイッチによる架線

表 1.3.1　き電用変電所の箇所数（2016〔平成28〕年3月、鉄道年報などから推定）

電気方式	直流方式	交流（20kV）	新幹線（25kV）	計
JR	584	81	78[*1]	743
民鉄	約1 030[*2]	14		1 044
計	約1 614	95	78	1 787

*1 車両基地変電所・周波数変換変電所など10箇所を含む
*2 三相交流600V変電所、各種鉄道変電所を含む

電圧補償装置（ACVR）が用いられ、セクションに1 200Vないし2 400Vの電圧差が発生する（3.2.2項参照）。そこで、肥薩おれんじ鉄道（佐敷）の昇圧ポストや日豊本線（直川）の補助き電区分所のACVR箇所にデッドセクションがある。

駅の待避線や車両基地の電車線を区分している、直流電気鉄道のインシュレータセクションや、交流電気鉄道の同相セクションは、随所で用いられており、その設備数は多い。

機械的区分装置（ジョイント、joint）は、張力調整装置の性能によるが、数百メートルから1 500メートル程度ごとに設備されている。

2. セクションの要件

電気的区分装置（セクション）は電気的かつ機械的に十分な強度が必要であり、次のような条件が求められる。

> ①電気的に十分な絶縁性能があり、パンタグラフ通過時にアークが完全に切れるとともに、アークにより絶縁が破壊されないこと
> ②パンタグラフの通過に支障がなく、集電上の硬点にならないこと
> ③その区間を走行する列車の運転速度に対応できること

設置位置については、次のような条件が求められる。

> ①信号機との関係を考慮して、セクション直下でパンタグラフが停止しないようにする。セクションと信号機との距離は、外方に集電装置間の距離＋50m以上としている
> ②上り勾配、駅の発車地点付近など力行区間を避ける
> ③保全上、曲線・トンネル・橋梁などを避ける

機械的区分装置（ジョイント）については、機械的にはセクションと同様

であるが、電気的には並行する2本の電線が接続されるため、電線相互の離隔などの電気的な要件が緩和される。

[コラム] 北陸新幹線E7系電車パンタグラフ

北陸新幹線には、最新鋭の新幹線E7系電車（JR東日本）とW7系電車（JR西日本）が投入されている。パンタグラフはM1車（パンタグラフと主変圧器搭載）である3号車と7号車の2箇所にPS208A形が搭載され、特別高圧引通線でM2車（主変圧器搭載）に給電される。北陸新幹線は最高速度が260km/hと低いので、パンタグラフ回りは遮音板もなくすっきりしている。

新幹線E7系電車のパンタグラフ（PS208A）。車両間には特別高圧母線が設置されている

[コラム] トロリポール（trolley pole）

関西電力の扇沢〜黒部ダム間6.1kmを走行する300形トロリバスのトロリポール。ポールの先端にすり板を設けて、押上力88.2kN（9kgf）でトロリ線と接触集電する。架空複線式に有利である。

黒部ダム駅（2点とも2008［平成20］年9月撮影）

[コラム] 在来線電車のパンタグラフ (pantograph)

日本では古くから菱形パンタグラフが用いられている。枠組は上枠と下枠からなり、下枠の根元を軸受で支持し、軸受間を釣合棒で結合しており、上部に舟形のすり板体を設けている。

下枠交差形パンタグラフは、折畳み状態のレール方向の枠組長さが菱形の2/3と短く、屋根上占有面積が小さい特長がある。このため、分散式冷房機搭載の電車、交流・交直流の電車などに使用される。

シングルアームパンタグラフは、1955 (昭和30) 年にフランスのフェブレー社で開発されて欧州で使用されている高速大容量のものがある。同社の特許が切れたことから、日本でも軽量化と保守の軽減を目的に1990 (平成2) 年ころから開発された。上枠と下枠が1本で構成され、雪に強い特徴がある。

JR在来線では、静的押上げ力を直流用は54N (5.5kgf×9.8)、交流用は44N (4.5kgf×9.8)、舟体の長さは例えばPS16形の場合で1 880mm (すり板は1 110mm) としている。国鉄・JRの在来線では以前は焼結合金すり板が広く用いられていたが、最近はカーボンに金属を混合したメタライズドカーボンすり板などカーボン系すり板が広く用いられている。民鉄はカーボンすり板が広く用いられている。

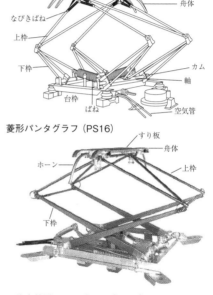

菱形パンタグラフ (PS16)

下枠交差形パンタグラフ (PS22)

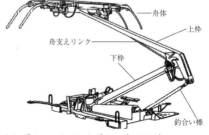

シングルアームパンタグラフ (PS232)

4 標識

標識は形、色などにより物の位置、方向、条件を表示するものであり、列車運転上、昼夜間を問わず、遠距離から認識できるものでなければならない。電車線路標識の照明方法は、標識自体に光源を有するアンドン式のものと、列車のヘッドライト光源の照明による反射を利用するスコッチライト式がある。以下に各種の電車線路標識について述べる (4) (6)。

1. 架線終端標識

電車または電気機関車の無架線の線路への進入防止のため設置されるものである。その表示は図1.4.1に示すように、赤色電光形を描いた白色灯または反射板による。

この標識は、本線の架空電車線路の終端や、車両入替えの頻繁な側線の架空電車線路の終端において、線路の左側に施設される。

2. 電車線区分標識

この標識は乗務員に対して電車線のセクション箇所を確認させるものである。表示は図1.4.2に示すように、赤色帯状一本を描いた白色長方形のスコッチライト式で、セクション始端で線路の左側に設置する。

3. 死線標識

電車線路の死線箇所を示し、電気車の惰行区間を指示する。交流電気鉄道

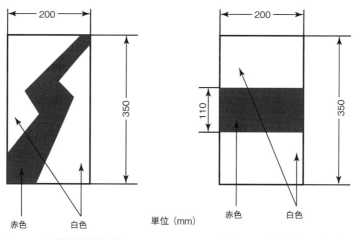

図 1.4.1　架線終端標識　　　図 1.4.2 電車線区分標識

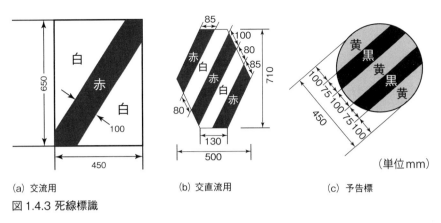

(a) 交流用　　(b) 交直流用　　(c) 予告標

図 1.4.3 死線標識

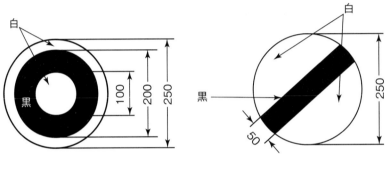

図 1.4.4 力行標　　　　　　図 1.4.5 惰行標 (a)

の変電所、およびき電区分所付近に設けられる交流用と、交流直流相互の架線突合せ箇所に設ける交直流用がある。図1.4.3のような形状で、スコッチライト式としている。

4. 力行および惰行標識

乗務員に対して力行または惰行区間を表示するものである。力行標は丸帯状（図1.4.4）、惰行標は斜帯状（図1.4.5）を画した白色スコッチライト円板で、電車線に対して力行または惰行が適当と認める箇所の電柱に取り付ける。

図 1.4.5　惰行標 (b)

第2章　直流き電方式

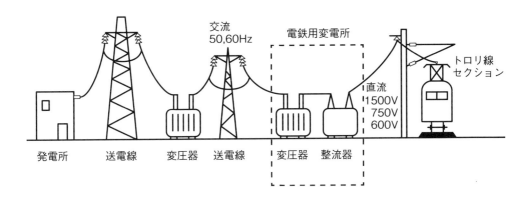

　直流電気鉄道は、き電用変電所で特別高圧の三相電力を受電して、整流器用変圧器と整流器で直流に変換して、き電用遮断器を用いて電車線路（き電回路）に電力を供給する。電車線路の標準電圧は、JRや大手民鉄は1 500Vだが、地下鉄や一部の民鉄で600Vまたは750Vが用いられている。

　変電所間隔は5〜10km程度であり、一般に変電所は並列になっている。変電所の中間にはき電区分所が設置されることもある。変電所やき電区分所には、エアーセクションがあり、電気的に区分されている。また、電車線の温度変化による架線の伸縮の調整や、一定長さに引留める装置として、エアージョイントがあり、電気的には接続されている。

　さらに、駅の構内や側線などの作業区分用に用いる同相セクション、直流750Vと1 500Vの突合せ箇所の異電圧セクション（デッドセクション）などもある。

1 直流き電回路の構成（基本構成）

1. 基本構成

　直流き電回路は図2.1.1（a）に示すように、き電用変電所で三相交流を受電し、変圧器と整流器で適正な電圧に変換された直流電力を電気車へ供給する回路である（1）。通常は回路が並列になっている。

　変電所にはπ形き電と称して、き電回線ごとに直流高速度遮断器を設けて、電車へのき電（電力供給）を行っている。図2.1.1（b）に示すように変電所の中間には事故時または作業時のき電区分を行うき電区分所が設けられることがある。電車線路はパンタグラフと接触するトロリ線と、トロリ線を一定の高さで吊るちょう架線で構成される。電車線路には大きな電流を流すとともに、電圧降下を抑えるため、き電線が設けられ、隣接する変電所と結ばれて並列き電になっている。き電線は約250mごとにトロリ線に接続されている。最近は、き電線とちょう架線を兼ねた、き電ちょう架線を用いることが多い。

　変電所間隔は負荷の大きさと電圧降下の大きさの関係で決まり、線路条件、電気車出力、運転条件、電源の状況などにより異なるが、例えば、1 500V方式の場合は、都市圏の幹線で5km程度、都市近郊・地方の幹線（亜幹線）で10km程度である。

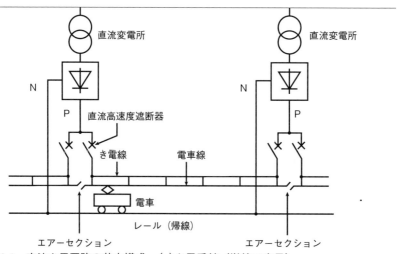

図2.1.1　直流き電回路の基本構成　（a）き電系統（単線で表示）

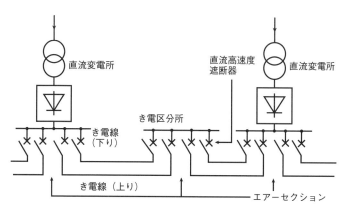

図 2.1.1　直流き電回路の基本構成　(b) き電区分所

　電圧降下対策として、変電所間隔が長い複線区間では、き電区分所やき電タイポストで上下線を結ぶ上下タイき電が行われている。民鉄の一部で、き電回路の随所で上下線の電車線とき電線を結んで電圧降下を小さくする上下一括き電方式が行われている例がある。

　電車線路の電圧は、「鉄道に関する技術上の基準を定める省令（2001［平成13］年）」第41条第5項で「電車線の電圧は、列車の適正な運行を確保するために十分な値に保たなければならない」と規定しており、さらに省令の解説で、表2.1.1のように定めている（5）。JRの許容電圧範囲は、国鉄で定められた値に基づいている。標準電圧は1 500Vで、最高電圧は、き電点で1 650V、最低電圧は幹線で1 000V、亜幹線で900Vとしている。電力回生ブレーキ時は電車線路電圧が上昇するので、1 800Vを最高電圧としている。

2. 電車線路構成

(a)　基本構成

　図2.1.2は直流電車線路の構成例であり、トロリ線、ちょう架線、金具類、

表 2.1.1　直流電車線路の標準電圧と許容電圧範囲（省令の解説）

種別	標準 (V)	最高 (V)	最低 (V)
省令の解説	1 500	1 800	1 000
	750	900	500
	600	720	400

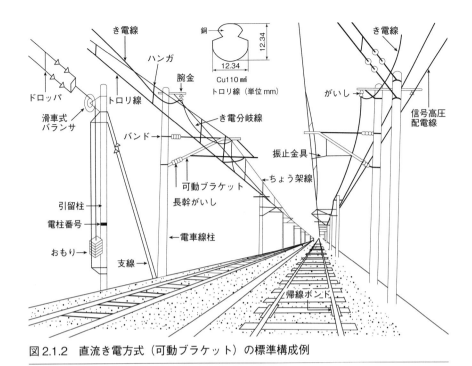

図 2.1.2 直流き電方式（可動ブラケット）の標準構成例

がいし、支持物、帰線および各種の付属装置から構成されている。

トロリ線のレール面上の高さは、5.1mを標準とし、一般区間で5m以上、5.4m以下としている。トロリ線のレール中心に対する片寄りを偏位といい、250mmとしている。

最近の都市部では景観を考慮して、図2.1.3に示すように、高圧配電線を線路脇のトラフ内に配置し、電柱に鋼管柱を用いて、き電線とちょう架線を兼ねたき電ちょう架式（feeder messenger）架線が用いられている。

トロリ線は硬銅の110mm^{2}または170mm^{2}が、き電線は硬銅より線の325mm^2、200mm^2、または硬アルミニウムより線の510mm^2、300mm^{2}などが用いられる。き電ちょう架線は、ちょう架線にき電線を兼ねて硬銅より線356mm^2×2条、トロリ線にすず入り硬銅の170mm^{2}などが用いられる。

(b) 電車線路がいし

電線類を支持している電車線路がいしは、直流電気鉄道では、塩害、ばい煙などの汚損による漏れ電流が一方向であることによる金属部分の電食対策、雷サージによりせん絡が発生しない絶縁設計が必要である。

第 2 章　直流き電方式

図 2.1.3　景観を考慮した電車線路（鋼管柱＋き電ちょう架線）、201 系（チョッパ制御）電車

　このため、汚損および雷サージを対象にして雷インパルス耐電圧の向上を図り、懸垂がいしは耐電食用の 180mm がいし（図 2.1.4）を 2 個連化し、可動ブラケットは 6 ヒダの長幹がいし（図 2.1.5）を用いている (6)。
　最近は、心材にガラス繊維強化プラスチック（fiber reinforced plastic : FRP）を用いて、シリコーン（silicone）ゴムやエチレン酢酸ビニルゴム

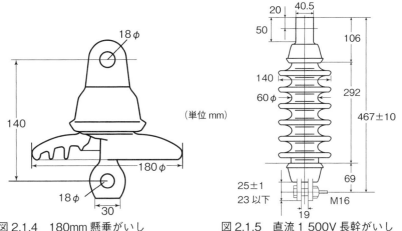

図 2.1.4　180mm 懸垂がいし　　図 2.1.5　直流 1 500V 長幹がいし

35

表2.1.1　直流1500V電車線路の絶縁離隔（6）

箇所	条件	離隔距離(mm)
跨線橋などとの離隔距離 （技術基準第41条2の解釈基準10）	なし	250
	やむをえない場合	70
折り畳んだパンタグラフとトロリ線の離隔距離 （技術基準第42条の解釈基準2）	なし	400
	変電所に故障選択装置などのある場合	250
	変電所に故障検出装置などがあり、さらに車両側の遮断器の開放によりパンタグラフで負荷電流を遮断しない場合	150

（ethylene vinyl acetate：EVA）などを外被とした、軽量なポリマ（polymer）がいしが、き電線など一部で使用されている。図2.1.6は電車線支持部の例で、架線を指示する可動ブラケットには長幹がいし、き電線は180mm懸垂がいしで吊って絶縁している。

(c) 絶縁離隔

図2.1.6　駅における電車線支持部の構成

電車線路には電気車のパンタグラフの離線、セクション通過などの電流遮断現象によって、標準電圧の2倍程度の内部異常電圧が加わる。これらの異常電圧は線路の絶縁強度に比べれば問題はない。雷に対しては、架空地線と避雷器により保護している。線路用の避雷器は変電所用より制限電圧の高い避雷器（制限電圧28kV以下）を約500m間隔で分散配置しており、雷頻度の多少に応じて伸縮している。

鉄道に関する技術基準の解釈基準に示される、直流1 500V電車線路の絶縁離隔を表2.1.1に示す。

① 跨線橋などとの離隔距離は、サージ電圧に対する絶縁の確保を目的としたものである。折り畳んだパンタグラフとトロリ線の離隔距離は、パンタグラフ降下による電流遮断の可否によるものである。従来から用いられている250mmは、耐アーク離隔であり、電気車が停止中に補機電流をパンタグラフの降下で遮断できる離隔である。

② 縮小離隔は電車通過時の一時的な接近や、絶縁物で接地物に覆いをし

た場合に適用される。電車線路に進行する誘導雷サージ電圧に対して、接地物が加圧部に接近していると気中放電して地絡状態になるおそれがあり、気中放電しない離隔距離が必要である。直流電車線路には避雷器を設けているが、避雷器の制限電圧は28kV以下であり、28kVで地絡しない離隔に余裕をみて定めた値が縮小離隔の70mmである。跨線橋では、1スパン以内に避雷器を設ける必要がある。
③電車線路の気中絶縁距離は、本来、風による電線の揺れや、飛来物の付着および鳥害などを考慮して決定されるものである。直流1 500V回路では長い間懸垂がいし1個であり、電車線路の加圧部とアース間の絶縁離隔は約150mmで、鳥害などは防止できる実績がある。

　また、最近ではパンタグラフ降下による電流遮断は行われない。このため、変電所に故障検出装置があり、遮断器によって電流を遮断すれば、絶縁離隔は150mmで良い。

2　電車線の引留とセクション

1. 電車線の引留

　トロリ線の1巻きは約1 500mであり、適当な長さごとに引き留める必要がある。さらにトロリ線には、外気温度変化や負荷電流などによる伸縮を調整して張力を一定にするため、張力を自動的に調整する装置を設けている (1)。

　自動張力調整装置の代表的なものに、図2.2.1に示す滑車式バランサとばね式バランサがあり、普通鉄道（在来線）の幹線や新幹線などの高速区間に滑車式バランサとばね式バランサが、通勤区間や都市近郊区間に、最近は、ばね式バランサが用いられる。

　滑車式は調整距離800mが限

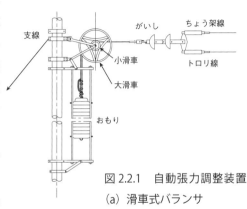

図 2.2.1　自動張力調整装置
(a) 滑車式バランサ

[コラム] VVVFインバータ＋誘導電動機駆動電車

　最初の電車は起動トルクが強くて速度制御の容易な直流直巻電動機を用いていた。1982（昭和57）年に熊本市電にインバータ電車が登場し、誘導電動機をサイリスタインバータで駆動制御している。その後、自己消弧形半導体を用いたVVVFインバータ制御による、誘導電動機駆動技術は飛躍的に進歩して、現在では新製される電車は電力回生ブレーキ付きのインバータ電車である。

　下図は主回路の概略図であり、電圧制御範囲は交流0〜1 100V、インバータ周波数制御範囲は0〜200Hz程度である。最高速度での電動機の回転数は1分間に5 000回転弱程度である。

　下の写真はJR東日本のE233系電車の外観である。

　直流電車は一般にパンタグラフを高圧母線で引き通しており、離線が軽減されるとともに、セクション通過時にセクションと並列になって、セクションの電流を分流する。

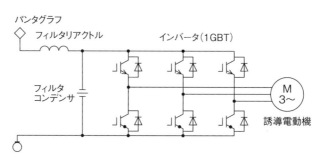

VVVF制御電車の主回路構成（2レベル変換器）

中央線E233系直流電車（VVVFインバータ制御＋誘導電動機）

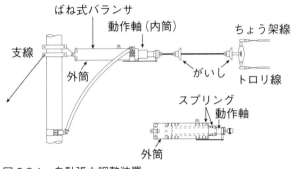

図 2.2.1　自動張力調整装置
(b) ばね式バランサ（二重ばね構造）

界であるので、引留め区間長が800m以下の場合は片側に、800mを超える場合は両側に設ける。ばね式は調整範囲を300m以下としており、300mを超えて600m以下の場合は両側に設けるか、滑車式としている。

電車線はパンタグラフのしゅう動運動により、逼進現象を生じる。滑車式バランサは電車線の流れ現象を防止するため、小滑車の溝部に勾配をつけることにより電車線の流止機能を持つ、「滑車比変化形」になっている。在来線の両引き区間でバランサによって流れを吸収しきれない場合は、引留め区間のほぼ中央部に、流れ防止用引止装置を設けることがある。

トロリ線の張力は、普通鉄道（在来線）は硬銅110㎟で9.8kN（1tf：1トンの張力）程度であり、ちょう架線は鋼より線90㎟で9.8kN、135㎟で19.6kN程度の張力としている。この他に、短区間で用いる手動張力調整装置がある。

2. き電区分（エアーセクション）

直流電気鉄道では隣接する変電所間は並列になっているが、複線区間で変電所間隔が長い場合は、電圧降下救済のため、前述の図2.1.1 (b)のように、き電区分所やき電タイポストを設けて、上下線の電車線路を結ぶ場合がある(6)。

変電所では、き電回線ごとに遮断器を設けて電車線へ引き出し、電車線路のセクションで電力を区分している。また、き電区分所では、系統運用時にセクションで電力を区分する。

図2.2.2は直流き電区間の変電所またはき電区分所のエアーセクション(7)の例であり、電車線相互の平行部分（オーバラップ）を一定間隔に保ち、空気の絶縁を利用した区分装置で、系統区分用に広く用いられる。電線間の標準離隔は系統区分時にセクション間に加わる電圧やジグザグ偏位の関係から求まり、300mmとしている。やむを得ない場合は200mmまで短縮できる。

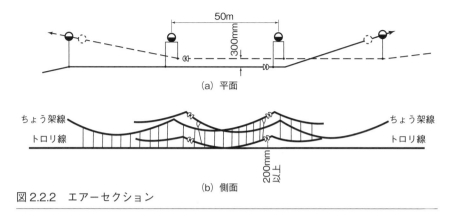

図 2.2.2　エアーセクション

　トロリ線の引上げ箇所にある区分用がいしの下端は、本線がパンタグラフで押し上げられたときに、パンタグラフと衝突しないようにする必要があり、トロリ線の最大押し上げ量を150mmと考えて、50mmの余裕をみて、200mm以上引上げることにしている。区分用がいしの下端を200mm以上引上げるためには、平行部分の径間を50m以上にする必要がある。

　また、セクションではちょう架線とトロリ線はM-Tコネクタで結んで電圧を均圧し、出口交差を原則としている。図2.2.3は変電所前のエアーセクションを通過するJR東日本E233系電車と引留めである。

3. エアージョイント

　図2.2.4はエアージョイントであり、エアーセクションと同様の構成で、架線相互を機械的に区分し、電気的にはコネクタで接続する装置である(7)。区分用のがいしがなく、電車線の平行部分は40m以上とし、電線相互の標

図 2.2.3　エアーセクションと引留め（き電ちょう架方式）(a／左) 平行部分（オーバーラップ）＋E233系電車　(b／右) 引留め（ばねバランサ）

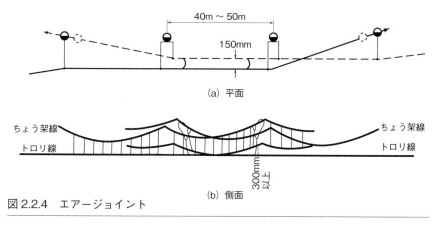

図 2.2.4　エアージョイント

準離隔は普通鉄道は150mmである。図2.2.5は京王線・調布〜府中間の直流1 500Vエアージョイントを通過する7000系電車と、架線相互を電気的に接続する、M-Tコネクタ、M-Mコネクタ、T-Tコネクタ、および引留めである。

4. インシュレータセクション

インシュレータセクション（insulator section）は、主として駅構内の上下線や側線に使用され、事故時や作業区分の際に、列車運転への影響を小区間に限定するための装置である。電気的および機械的に十分な強度を有し、パンタグラフの通過に支障しないようにしている。

直流電気鉄道用インシュレータセクションは、当初は絶縁材に樫を使用した木製セクション（木部の長さは約840mm）が使用されていたが、木部破

図2.2.5　エアージョイントと各種コネクタ（京王線・ツインシンプル架線）（a／左）平行部分と京王7000系電車　（b／中）架線相互を接続する各種コネクタ　（c／右）引留め（滑車式バランサ）

断事故が多発したため、1982（昭和57）年に禁止されている。その後、絶縁材にFRP（fiber reinforced plastics）樹脂を使用した「FRPセクション」が使用されており、列車の通過速度は95km/h以下としている。

　FRPセクションは、最初はY形や、スライダを平行に取り付けた図2.2.6に示す接触形（改良形）が用いられている（1）。しかし、Y形は異系統の電源が相互に入り込んでいること、接触形はセクションのねじれにより、スライダとパンタグラフとの衝撃事故などがあった。

　図2.2.7は現在のFRPセクション（7）である。直流区間は一般に電車のパンタグラフは母線引き通しで、無加圧状態で摺動することがないため、アークホーンは取り付けていない。しかし、電車区の入出庫線のように低速で大電流を遮断する箇所は、アークホーンを取り付けることが必要である。

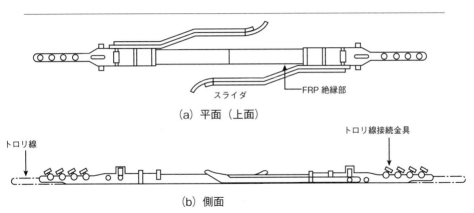

図2.2.6　接触形（改良形）直流1 500V用FRPセクション　出典：『電気鉄道ハンドブック』（コロナ社）

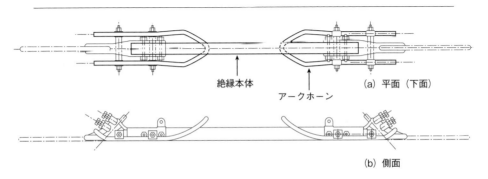

図2.2.7　直流1 500V用FRPセクションの構造

第２章　直流き電方式

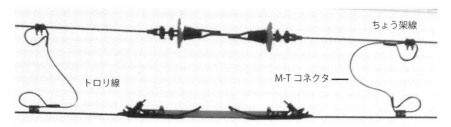

図2.2.8　直流1500V用FRPセクションの外観

　図2.2.8はFRPセクションの外観であり、ちょう架線とトロリ線はM-Tコネクタで結んで、架線の抵抗を少なくするとともに、ハンガなどに循環電流が流れないようにしている。

　直流区間の駅構内や路面電車など、低速用に用いられる。

3　地下鉄のセクション（第三軌条・剛体電車線）

1. 第三軌条方式 (6)

　第三軌条方式の電車線は上面接触式、下面接触式、側面接触式がある。わが国の地下鉄では図2.3.1の上面接触式が使用されており、電圧は直流600Vまたは直流750Vである。図2.3.2は集電靴であり、靴すり板は鋳鉄または鋳

[コラム] 検修庫セクション

　車両基地の検修庫は出入口にシャッターがあり、車両の入出庫時には電気が通じて、シャッターを閉めるときには、セクションを開放するとともに、検修庫内は接地する特殊なセクションが必要である。図は検修庫出入口のセクションの例である。

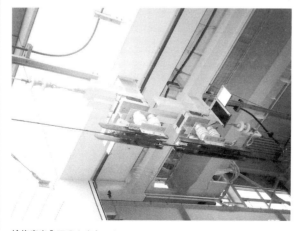

検修庫出入口のセクション

鋼で作られ、接触圧力は100〜200N、集電容量は2 000〜2 500Aである。側面接触式が、新交通システムやモノレールなどで使用されている。

　第三軌条は極力区分点を設けない方が良いが、次の場合には区分装置を設ける。

(a)　変電所引出し線のき電線接続箇所、車庫線・通路線などの側線と本線の区分箇所には、集電靴取付け間隔より大きく第三軌条を切り離した、図2.3.3のデッドセクションを設ける。

　デッドセクション間隔は、1車両の集電靴間隔にアーク発生によるせん絡を考えて、実験的に求めた150mmをそれぞれ両端に加えた値以上としている。

(b)　第三軌条の敷設位置を、軌道の右、または左から反対側に変更するとき、車両基地構内で横断歩道を設けるときなどには、第三軌条を1車両の集電靴間隔より小さく切り離して、その両端を電気的に接続するエアージョイントを設ける。

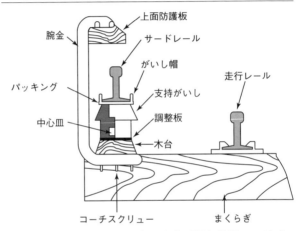

図 2.3.1 上面接触式第三軌条　出典:『電気鉄道ハンドブック』（コロナ社）

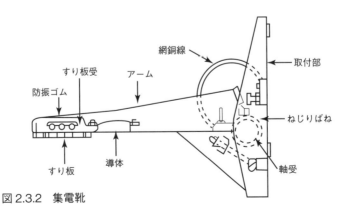

図 2.3.2　集電靴

第2章 直流き電方式

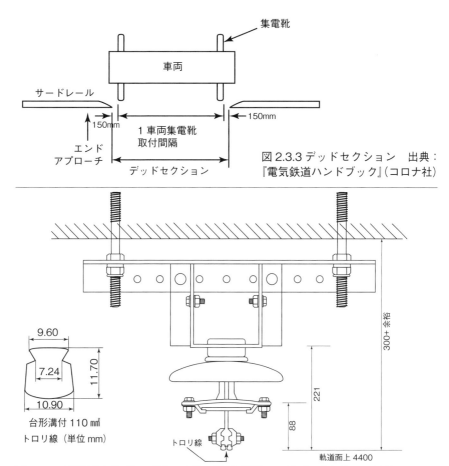

図2.3.3 デッドセクション　出典：『電気鉄道ハンドブック』（コロナ社）

図2.3.4　剛体電車線「5-1形」　出典：『電気鉄道ハンドブック』（コロナ社）

2. 剛体電車線 (6)

　剛体電車線は、き電線でもある導電形材を地下鉄トンネル天井にがいしで支持して、パンタグラフで集電可能にした架空第三軌条で、郊外電気鉄道に直通する帝都高速度交通営団の地下鉄日比谷線用として開発された。

　図2.3.4は1964（昭和39）年に部分開業した、交通営団地下鉄東西線から登場した、形材断面積を2 100mm²に増し、トロリ線も110mm²×2条にした、剛体電車線「5-1形」である。

　剛体電車線を、運転保安の確保、線路運用、き電系統運用および保守などを考慮し、電気的に区分する装置がエアーセクションである。構造的には、

45

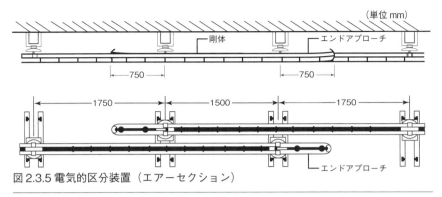

図2.3.5 電気的区分装置（エアーセクション）

図2.3.6 剛体電車線とき電線の分岐箇所

図2.3.5に示すように、エンドアプローチを平行に並べて、平行部分の空隙を250mmとして、電気的に絶縁して区分している。

機械的な区分装置（ジョイント）としては、エアーセクションと同様の構造で、平行部分を電気的に接続している伸縮継手がある。図2.3.6は剛体電車線とき電線の分岐箇所である。

4 異電圧セクション

民鉄の電気鉄道には、電気鉄道が導入された当時の電気方式で、現在は主に地方の民鉄や路面電車に用いられている600Vまたは750V方式と、その後、昇圧されて現在、大手民鉄に広く用いられている1 500V方式が混在している。特殊な例として、これらの区間を直通するため、両者の突合せ箇所には直流異電圧セクション（デッドセクション）が存在する。

古くは、名古屋鉄道田神線、近畿日本鉄道、京浜急行電鉄、南海電気鉄道などで、直流1 500V区間と直流600V区間の直通乗り入れが行われていた。また、直流1 500Vの国鉄が、直流600Vの伊豆箱根鉄道に乗り入れていた。現在では、箱根登山鉄道が小田原〜箱根湯本間が直流1 500V、箱根湯本〜強羅間が直流750Vのため、箱根湯本駅に直流1 500V－直流750Vの異電圧

[コラム] 交通営団300形地下鉄電車

　日本で戦後最初に建設された地下鉄が帝都高速度交通営団（現・東京メトロ）丸ノ内線で、1954（昭和29）年1月に第1期区間の池袋〜御茶ノ水間が開業した。戦前に建設された銀座線と共通仕様の上面接触式第三軌条で、直流600V方式である。

　主電動機の歯車継手であるWN（Westinghouse Nuttal）継手（歯車形たわみ軸継手）、本格的な両開き自動扉の採用など、近代的な通勤電車の先駆けとなった。

交通営団300形地下鉄電車（地下鉄博物館）

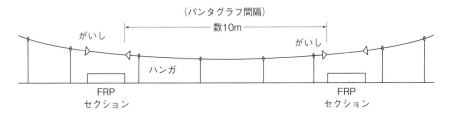

図2.4.1　直流異電圧セクション（1 500V − 600V/750V）

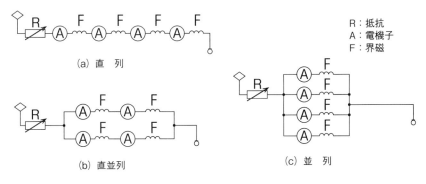

図2.4.2　抵抗制御＋直並列組合せ制御・直流直巻電動機による複電圧車

[コラム] 箱根登山鉄道 1000 形電車

箱根登山鉄道は小田原〜箱根湯本間が直流1 500Vであり、途中の入生田に車庫がある。箱根湯本〜強羅間は直流750Vで、車両は両方の電圧に対応できる複電圧電車になっている。

1000形電車は1981（昭和56）年に登場した抵抗制御の750V/1 500V複電圧電車である。長い下り勾配を走行するため、電気指令式電磁直通ブレーキや抑速ブレーキ、レール圧着式ブレーキなどが付いている。1両の長さは14.66m、幅2.58m、高さ3.95mで、3両編成である。

その後、2014（平成26）年にはVVVFインバータ制御＋誘導電動機駆動の3000形複電圧電車が登場している。

箱根登山鉄道 1000 形直流 750V/1500V 複電圧電車

セクション（デッドセクション）が設備されている。

図2.4.1は直流異電圧セクションの例で、前述の図2.2.7と同様の2個のFRPセクションを用いており、パンタグラフ間隔によるが、その間の数十mがデッドセクションになっている。

電車は複電圧対応が必要であり、直流直巻電動機の時代には、図2.4.2に示すような主回路で、供給電圧に合せて抵抗器を短絡したり、主電動機を直並列に接続を変えて、主電動機に印加される電圧を調整していた。また、600V区間が短い場合は、性能は低下するが主回路はそのままで乗り入れる場合もあった（例えば、国鉄80系電車（600V乗入れ対応車）の伊豆箱根鉄道への乗入）。

最近は、VVVFインバータ＋誘導電動機駆動方式が実用化されており、この方式によれば、容易に複電圧に対応できる。

5 案内軌条方式（新交通システム）

コンクリートの走行路をゴムタイヤで走行する新交通システムである。直

第2章　直流き電方式

> **[コラム] 埼玉新都市交通・伊奈線**
>
> 　東北・上越新幹線の建設に際して、地元に対する補償の一環としてゴムタイヤの案内軌条式鉄道が建設された。大宮〜内宿間12.7kmで、三相交流50Hz・600V方式で変電所は1箇所である。直流き電回路が並走しているため、変圧器二次側はY結線で中性点は直流電流が流れないように、コンデンサを介して接地している。
>
>
>
> 開業当初の埼玉新都市交通の1000系電車（サイリスタ位相制御）　　　集電装置と電車線路の模型

流750Vまたは三相交流600Vの低圧が使用される。1981（昭和56）年に大阪南港ポートタウン線と神戸新交通ポートアイランド線が三相交流で実用化が始まり、2008（平成20）年3月開業の日暮里・舎人線を含めて、全国で11線区を数える。近年は三相交流600V方式が主流になっている。

　図2.5.1は三相交流600V方式の電車線路の構成で、給電用アルミニウム製レール（断面積1 015㎟）に、摺動面にステンレス（断面積40㎟）を張り付けたAL/SUS（アルサス）Ⅰ形複合剛体トロリ線の例である。

　負荷電流が多い区間では、電車線に並列にき電線が接続される。

6　直流き電用変電所

1. 整流器

　直流き電用変電所は、受電設備、変成設備、高速度遮断器などから構成されている。図2.6.1は直流き電用変電所の外観例である。

　JRの場合は、整流器用変圧器で三相交流を1 200Vに降圧し、シリコンダ

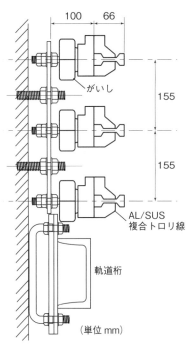

(b) アルサス Ⅰ形絶縁セクション

(c) アルサス Ⅰ形伸縮継目

(a) 基本構成

図 2.5.1　三相交流 600V 電車線路（写真は 1979［昭和 54］年撮影）

［コラム］相互直通運転における電力の突合せ

　旅客の利便性の向上、ターミナル駅の混雑緩和のため、主に首都圏において、電車線電圧が同じ鉄道会社間で相互乗り入れが行われている。

　この場合は、2つの鉄道会社の電力は、例えば、会社境界のき電区分所で突合せとし、双方の鉄道会社線に向かって流れる電力量を計測して、双方の変電所で整流器用変圧器のタップ調整により無負荷電圧を調整して、突合せ箇所を流れる双方の電力量が等しくなるように調整している。き電区分所の前の電車線のセクションはエアーセクションである。

　乗り入れ本数が少ない線区では会社境界をデッドセクションにしている例もある。

イオード整流器により標準電圧 1 500V の直流に変換している。図 2.6.2 はシリコン整流装置（変圧器を含む）とシリコン整流素子であり、整流器は高調

第2章 直流き電方式

図2.6.1 直流き電用変電所の外観

(a) シリコン整流器と整流器用変圧器
(1 500V・3 000kW)

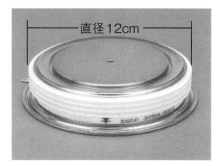
(b) シリコンダイオード素子
定格電圧 5 000V/電流 約3 500A

図2.6.2 シリコン整流装置とシリコンダイオード素子

波（電圧波形のひずみ）を低減するために、図2.6.3のように、2組の三相全波（6パルス）整流器を組合せた、12パルス整流器としている(1)(8)。

整流器の冷却には沸騰冷却やヒートパイプ式があり、最近は地球環境に配慮して冷却媒体に純水が使用されている。純水は常温で沸騰するように、負圧にしている。

シリコン整流器の出力電圧の変動率 ε は、無負荷電圧 V_0 と、定格電流が流れたときの標準電圧 V_1 の割合で表し、次式となる。

$$\varepsilon = \frac{V_0 - V_1}{V_1} \times 100 (\%) \quad (2.6.1)$$

標準電圧1 500V方式の場合、民鉄は無負荷電圧が1 590V程度で、電圧変動率は6%程度以下、列車のランカーブを作成する上での標準電圧は1 350V

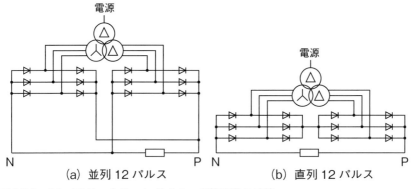

図 2.6.3　12 パルス・シリコンダイオード整流器の結線

である。一方、国鉄・JRは無負荷電圧が1 620V程度で、電圧変動率は8％程度、ランカーブを作成する上での標準電圧は1 500Vである。

なお、直流電動機時代の直流電動機の定格も、民鉄は340V、国鉄は375Vで異なっていた。

2. 直流き電回路の保護

き電回路で短絡や地絡故障が発生した場合は、速やかに故障を検出して、遮断器により故障電流を遮断する必要がある。

負荷電流の変化に比べて故障電流の変化が大きいことから故障を選択する、ΔI形故障選択継電器（50F）を用いて故障を検出している。

図2.6.4は電流方向判別形故障選択継電器で、電流検出器にホール素子を用いて負電流を零とみなすとともに、現在の電流と100ms前の電流の差を求めて、電流変化が一定の大きさを超えると事故と判断する。

図2.6.5はウインドウ形故障選択継電器の例であり、一定時間間隔（40ms）後のき電電流の正領域におけるき電電流増加量が一定の大きさを超えると事故と判断している (1)。

図2.6.6は直流き電回路の一般的な保護方式であり、50Fが故障を検出すると、自己変電所の遮断器を遮断するとともに、連絡遮断装置で隣接する変電所も遮断している。このため、変電所の故障検出範囲は両変電所の中間点付近までで良い (1)。図2.6.7は連絡遮断装置の例である。

また、短時間で回復する事故が多いため、例えば、30秒後に自動再閉路を行っている。

第2章 直流き電方式

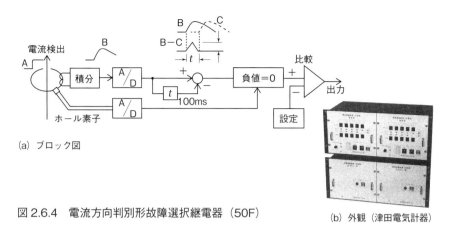

図2.6.4 電流方向判別形故障選択継電器（50F）
(b) 外観（津田電気計器）

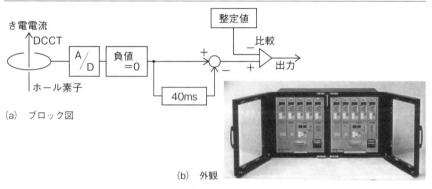

図2.6.5 ウインドウ形故障選択継電器（50F）の例

直流の故障電流は、交流のように電流が瞬時ゼロになる点がないため、一般の遮断器では電流の遮断が困難である。そこで、図2.6.8のように、直流高速度遮断器を用いて接触子で発生したアークをアークシュートに導いて延伸することで、電流を小さくして遮断している（2）。遮断時間は18ms程度である。

直流高速度遮断器には、電気保持式と機械保持式がある。電気保持式は、負荷電流に対して事故電流は急速に立ち上がるため、誘導分路の抵抗が大きくなって、引外しコイルに電流が多く流れて、遮断器自身で負荷電流と故障電流を選択して故障電流を遮断する、選択遮断特性を有している。

直流高速度遮断器はこの他に、真空バルブを用いた、高速度真空遮断器などがある。

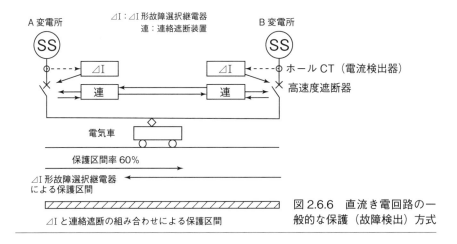

図 2.6.6　直流き電回路の一般的な保護（故障検出）方式

図 2.6.7　連絡線常時監視方式連絡遮断装置（津田電気計器）

7　変電所前での列車のセクション通過に伴う現象

1. 変電所前のセクションオーバ

(a)　セクションオーバとは

　変電所から電車線へのき電は、一般に、き電引出箇所をエアーセクションにより区分されて、方面別に電力を供給している。このき電方式では、図2.7.1のように列車がセクションを通過するときにセクション前方のき電区間が事故やなんらかの要因により停電している場合、通過列車のパンタグラフにより停電区間が加圧されることになり、事故の拡大やセクションの損傷のおそれがある。この現象をセクションオーバと称しており、避けなければならない。このため、列車をセクションの手前で停めるのが原則であるが、さらに次の様な対策が行われている。

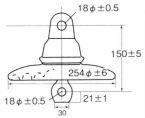  

図 3.1.3 250mm 懸垂がいし(単位 mm)

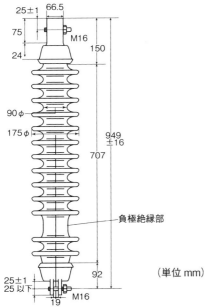

図 3.1.4 交流 25kV 長幹がいし (SK)

図 3.1.5 交流 20kV 長幹がいし (ACM-1 号)

表 3.1.3 交流き電回路の絶縁離隔

線区	種別	電圧 (kV)	標準離隔 (mm)	縮小離隔 (mm)
在来線 (20kV)	T (F) - E	22	300	250
	T - T	22√2	350	
	T - F	44	450	350
新幹線 (25kV)	T (F) - E	30	300	
	T - T	30√2	400	
	T - F	60	500	450
IEC60913-2013	T - E	27.5	270	

(注) T:トロリ線、F:き電線、E:大地、T - T:位相差 90°の場合

5m以上、5.4m以下で、新幹線は5mを標準とし、4.8m以上、5.3m以下としている．トロリ線の偏位は、在来線で250mm以内、新幹線で300mm以内としている。

電車線の引留には、前述の2.2.1項に示すように、自動張力調整装置が用いられている。交流電車線の張力の例を表3.1.2に示す。張力の9.8kNは、1トンの張力（1tf）である。

引留区間の長さは、在来線は1 600m以下、新幹線は1 500m以下としている。在来線では両引き区間でバランサによって流れを吸収しきれない場合は、引留め区間の中央に流止め装置を設けているが、新幹線は流止め装置は設けていない。

(b) 電車線路がいし

電線路を支持する電車線路がいしは、き電線は250mm懸垂がいし（図3.1.3）を連個して用いており、トロリ線を支持する可動ブラケットは長幹がいし（図3.1.4、図3.1.5）を用いている（6）。

交流電車線路では、汚損の管理目標値は塩分付着密度0.1mg/cm²としており、パイロットがいしにより保全管理を行っている。実験結果によれば、250mm懸垂がいしの塩分付着密度0.1mg/cm²での汚損耐電圧は、3個連で25.8kV、4個連で34.5kV、5個連で43.0kVである。汚損区分で異なるが、在来線（交流20kV）は一般地区が3個連、汚損地区が4個連、新幹線（交流25kV）は一般地区が4個連、汚損地区が5個連としている。可動ブラケットには長幹がいしを用いている。

表3.1.2 カテナリ電車線の構成と張力

線区	電車線形式	線種（mm²）		張力（kN）
在来線	ヘビーシンプル（重架線）	ちょう架線	St135	19.6（2tf）
		トロリ線	GT-Cu110	9.8（1tf）
新幹線（既設）	合成コンパウンド（重架線）	ちょう架線	St180	24.5（2.5tf）
		補助ちょう架線	PH150	14.7（1.5tf）
		トロリ線	GT-Cu170	14.7（1.5tf）
整備新幹線	高張力シンプル	ちょう架線	PH150	19.6（2tf）
		トロリ線	GT-PHC110	19.6（2tf）

（注）St：鋼より線、GT：溝付きトロリ線、PH：送電線用硬銅より線、PHC：析出強化銅合金

[コラム] 955形（300X）試験電車

　現在の新幹線電車はPWM（pulse width modulation）コンバータ＋VVVFインバータ制御による誘導電動機駆動方式が主になっている。高力率で、電力回生ブレーキが付いている。

　下図は当初のGTOサイリスタを用いた、主回路の概略構成である。

　右図は955形高速試験電車（6両編成）で、通称300Xと呼ばれていた。1996（平成8）年7月26日に米原〜京都間で、最高速度443km/hを記録している。パンタグラフは特別高圧母線で引き通しており離線によるアークが発生しないで集電できる。

300X 高速試験電車（ラウンドウェッジ形・東京寄り）

300X 高速試験電車（カスプ形・博多寄り）

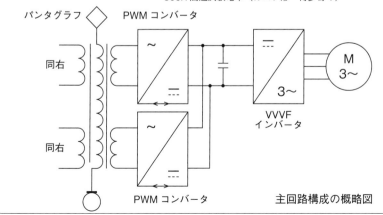

主回路構成の概略図

表 3.1.1　交流電車線路の標準電圧と許容電圧範囲

種別	標準（kV）	最高（kV）	最低（kV）	瞬時最低（kV）
在来線	20	22	16（17）	―
新幹線	25	30	22.5	20

（　）は主要線区

若干低い電圧でき電されている。

2. 電車線路構成

（a）基本構成

図3.1.2に交流ATき電方式の電車線の標準構成例を示す。ATき電方式はトロリ線と逆位相の電圧のき電線があり、がいしせん絡故障や地絡故障時の電流の帰路になる保護線がある。

トロリ線のレール面上の高さは、在来線は5.1mを標準とし、一般区間で

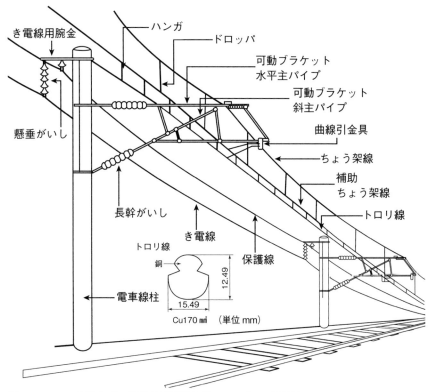

図3.1.2　ATき電方式の標準構成例（合成コンパウンド架線）

1　交流き電回路の構成

1. 基本構成

　交流き電回路の基本構成を図3.1.1に示す（1）。鉄道沿線にき電用変電所（SS：substation）、き電区分所（SP：sectioning post）を設けている。また、保守作業や事故時の区分のため、補助き電区分所（SSP：sub-sectioning post）を設けることがある。ATのみの箇所を変圧ポスト（ATP：AT post）という。複線区間では、上下の電車線路は一般に変電所およびき電区分所などで結ばれる。

　交流電気鉄道では、帰線電流の一部がレールから大地に漏れて、通信線に電話雑音などの誘導障害を発生させる。そこで、通信線をケーブルにするなどの対策をするとともに、き電回路でもレールに電流が流れる区間を短くするなどの対策をしている。その方式として、吸上変圧器（boosting transformer：BT）を用いたBTき電方式、単巻変圧器（auto-transformer：AT）を用いたATき電方式、同軸電力ケーブルを用いた同軸ケーブルき電方式がある。

　変電所間隔は、在来鉄道ではBTき電方式が30~50km、ATき電方式が90~110km、新幹線ではATき電方式が40~60km（東海道新幹線の一部に20km）、同軸ケーブルき電方式が10km程度である。ATき電方式のき電電圧は電車線路電圧の2倍であり、長距離で大電力の供給（き電）に適している。交流き電回路の電車線路の電圧と電圧範囲を、表3.1.1に示す（1）。新幹線変電所では、電車による電力回生時の電圧上昇を考慮して、最高電圧よりも

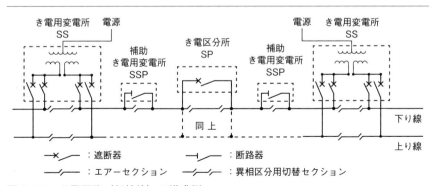

図3.1.1　き電回路（新幹線）の構成例

第3章 交流き電方式

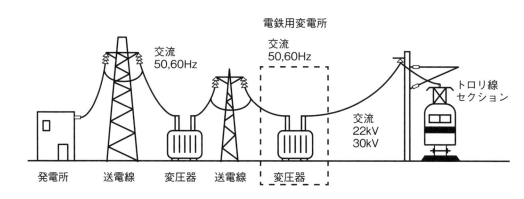

　交流電気鉄道は、き電用変電所で特別高圧の三相電力を受電して、スコット結線変圧器やルーフ・デルタ結線変圧器などの三相二相変換変圧器で、2組の単相電力に変換して、き電用遮断器を通して2方面の電車線路に電力を供給する。交流では電圧位相（波形の時間差）が異なるため、き電区分所で電力を突き合せている。そこで、変電所およびき電区分所に異相セクションがあり、在来線はデッドセクションを、新幹線は真空開閉器を用いた切替セクションを設置。駅や車両基地には同相セクションとして、がいし形セクションやFRPセクションがある。
　交流電気鉄道ではレールから大地へ電流が漏れて通信誘導が発生するのを防ぐため、吸上変圧器を用いたBTき電方式が採用された。現在はアークの発生するセクションのない、電車線電圧の2倍でき電する単巻変圧器を用いたATき電方式が標準き電方式となっている。

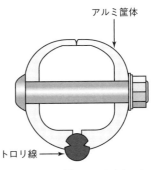

図2.7.5 電柱に取り付けられたセクション標　　図2.7.6 TC形エアーセクション

[コラム] 回生車と電力貯蔵装置

　最近では省エネルギー対策として、電車が停車時にブレーキの運動エネルギーを電気エネルギーに変換して、電車線路へ戻して他の電車で消費する電力回生が行われている。また、電車がいないときは、直流電気鉄道では、整流器があるため電力を電源に戻すことができない。そこで、一部の線区では、整流器に並列にインバータを接続して駅負荷で電力を消費したり、回生電力を貯蔵して負荷が多いときに放出する電力貯蔵装置が用いられている（2）。電力貯蔵装置には、急速充放電ができる、電気二重層キャパシタやリチウムイオン電池、ニッケル水素電池などが用いられている。

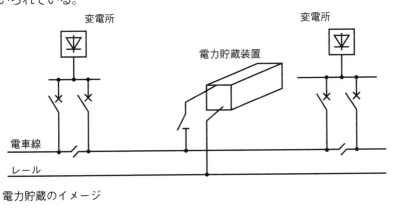

電力貯蔵のイメージ

第2章　直流き電方式

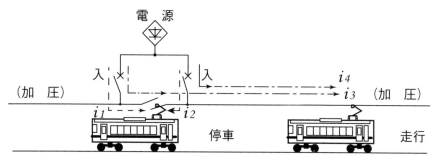

図 2.7.4　変電所前のセクション溶断

検知する。

（b-5）エアーセクションで停止した場合の取り扱い

万一、エアーセクションで列車が停止した場合は

> ①いったん、全パンタグラフを降下し、エアーセクション外のパンタグラフを上昇してセクションの外へ移動する。
> ②セクションにのみパンタグラフがある場合は、低いノッチ（小さい電流）で、セクション外へ移動する。

などが行われる。

[コラム]ビューゲル（bügel）

欧州で1890（明治23）年にトロリ線の横方向の移動に対応できる集電装置としてビューゲル（集電弓）が開発された。トロリ線高さに対する押上力の変化が大きく、電車線の高低差が大きい場合や、高速集電には不向きである。走行方向も片方向に限られており、終点の折り返しの際には枠の向きを逆転する必要がある。ビューゲルは路面電車や地方交通線に使用されている。

東京都交通局 7500 系電車（直流 600V、小金井公園江戸東京たてもの園）

れに他の列車の負荷電流が加わり、トロリ線がジュール熱やアークなどにより溶断する現象が発生している。

　変電所とエアーセクションの位置が離れており、例えば、図2.7.4のように変電所前のエアーセクションに列車が停止すると、パンタグラフを通して当該列車への電流のみでなく、他列車へのき電電流が継続して流れて、大きな電流によるトロリ線の過熱や、パンタグラフの不完全接触による発熱、およびセクション部に発生する数十Vの電位差によるパンタグラフ接触部のアークのため、セクションを損傷するおそれがある。

　この様なエアーセクション溶断状態を回避するため、一般に、変電所前のエアーセクション区間では列車は停止しないようにするとともに、溶断の可能性がある箇所では、万一列車が停車してもトロリ線の溶断が防止できる対策が行われている。

(b) トロリ線溶断防止対策 (9)

(b-1) エアーセクションでの停車禁止の表示

　セクション標によって運転士にエアーセクション位置を知らせたり、トロリ線のハンガカバーを赤や黄色にしてエアーセクション位置を運転士に知らせる。図2.7.5はセクション標の例であり、運転士にセクションであることを知らせて停止しないようにする。セクション標は鉄道会社によっても異なる。

　低速時に運転士に、エアーセクションであることを警報アラームで知らせる方法もある。

(b-2) トロリ線の強化

　セクション部のトロリ線の上部に硬銅100㎟程度のより線を密着して取付けて、電車線を二重構造にして電気的かつ機械的に強化する。

(b-3) 放熱量を大きくする

　セクション部の電車線の電流容量を大きくする対策として、図2.7.6に示すように、放熱量を大きくするため、アルミパイプにトロリ線を沿わせたTC形エアーセクション（high-heat radiation catenary）がJR東日本で開発され、電圧差が発生する一部のセクションで実用化されている (10)。

(b-4) 信号軌道回路による列車停止検知方式

　前述のセクションオーバ対策（2.7.1項参照）で述べた方法で、列車停止を

第2章 直流き電方式

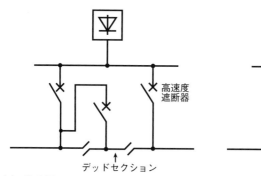
(a) 構成例1

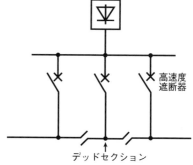
(b) 構成例2

図2.7.2 異常時無加圧式セクション（デッドセクション）方式

メトロを除く公・民鉄は司令）に表示している。さらに、その情報により、セクションオーバしている回線と隣接変電所における対向する回線の直流高速度遮断器を開放して、事故の拡大を防止している。

(b-4) 第三軌条のデッドセクション

第三軌条方式では、列車の集電靴によるセクションオーバを防止するため、集電靴間の母線引通しをしていなかったが、回生車両の導入にともない、回生効率向上のために母線引通しが行われるようになった。このため、集電しない電圧検出用の集電靴を設けて無電圧を検出するか、または速度が5km/h以下の場合は、母線連絡用遮断器を開放してセクションオーバを防止している。

2. 変電所前のセクション溶断（9）

(a) エアーセクションの溶断現象

直流電気鉄道はき電回路は電気的に並列になっており、電車がエアーセクションに停車して、パンタグラフがセクションを短絡しても電位差が十分に小さければ、アークの発生はない筈である。

しかし、実際には変電所が線路から離れていたり、エアーセクションが変電所前になく偏在することがあり、こ

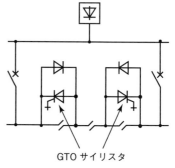

図2.7.3 GTOサイリスタストッパ方式

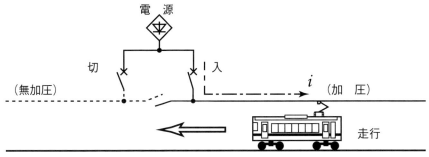

図 2.7.1　変電所前のセクションオーバ

のデッドセクションの長さは、列車最大パンタグラフ間の離隔距離以上を確保し、セクション用遮断器から電力を供給する方式である。

一般に直流電車のパンタグラフは高圧母線で引通しているため、例えば、電車の車体の連結面長さが20mで、最長の列車が10両編成の場合は、デッドセクション長さは200m以上としている。

事故などにより、き電用遮断器が遮断した場合、連動でセクション用遮断器を開放してセクションオーバを防止している。

(b-2) サイリスタストッパ方式

上記のセクション用遮断器に代わり、セクション部の遮断器を静止化したダイオードストッパ方式が一部の線区で適用されていたが、電力回生車両の導入に伴い、回生電流にも対応できるようにしたのが、図2.7.3のGTOサイリスタ (gate turn-off thyristor) ストッパ方式である。

この方式は、セクションを3箇所構成し、中間のセクションには力行車に対してはシリコンダイオードを経由して電力を供給し、列車からの回生電力はGTOサイリスタを経由して電力を通過させる。

事故などにより、き電用遮断器が遮断した場合、連動によりGTOサイリスタをゲートオフすることで、セクションオーバを防止している。

(b-3) 信号軌道回路による列車停止検知方式

電車線のセクションと信号軌道回路の軌条絶縁位置を一致させて、その軌道回路内に列車が存在する場合に、変電所へ「列車あり」条件を伝送する方式である。変電所では一定時間内に「列車あり」条件が解除されない場合は、列車がセクション内に停車していると判断し、変電所および電力指令（東京

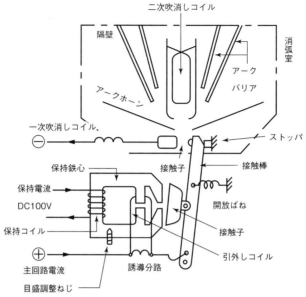

(a) 電気保持式

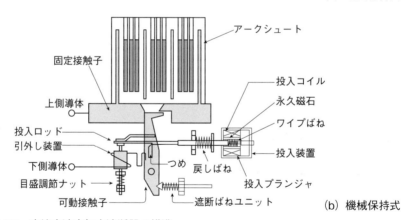

(b) 機械保持式

図 2.6.8　直流高速度気中遮断器の構造

(b)　セクションオーバ対策

セクションオーバ対策として、主な代表例を示す (6)。

(b-1)　異常時無加圧式セクション方式

異常時無加圧式セクション（デッドセクション）方式は、図 2.7.2 に示すように、変電所側で回線用のき電用遮断器とセクション用遮断器とを組合せた回路を構成している。電車線路側ではセクションを2箇所構成して、中間

第3章　交流き電方式

図 3.1.6(a)
ATき電方式の
電車線柱構成
（在来線 20kV）

図 3.1.6(b)
ATき電方式の
電車線柱構成
（新幹線 25kV）

図3.1.6はATき電方式の電車線柱であり、可動ブラケットは長幹がいしで、き電線は250mm懸垂がいし4個連で絶縁して支持されている。保護線は在来線は無絶縁で、新幹線は180mm懸垂がいし1個で支持されている。なお、在来線は変電所の近く1km程度の保護線は180mm懸垂がいし1個で支持している。在来線の図中の柱上変圧器は信号用の高圧変圧器である。

(c) 絶縁離隔

交流電車線路ではがいしの雷インパルス耐電圧が高く、誘導雷サージ電圧のレベル以上なので、電車線路のがいし保護を目的とした避雷器は設置していない。交流き電回路の避雷器は、単巻変圧器（AT）や吸上変圧器（BT）の保護用避雷器のみである。

交流き電回路の絶縁離隔としては、表3.1.3の値を用いている。

電線の大地に対する離隔距離（T-E）は、在来線では仙山線における実験結果から、最小離隔を250mmと定め、この値に50mmの余裕を加えて300mmとしている。新幹線では欧州（UIC：国際鉄道連合）の離隔基準や気象条件を考慮して離隔距離が決められている。トロリ線相互（T-T間）の離隔距離は、誘導雷サージ電圧を200kVとして発生電圧を算出し、求めている。

在来線の場合は、き電電圧の波高値を$22 \times \sqrt{2}$kV、電圧変動幅を1.15、位相差を90°（$\sqrt{2}$倍）とすると、誘導雷の波高値は（3.1.1）式となる。

ここで、交流の電圧・電流波形は正弦波であり、瞬時値の2乗を、1周期の間に平均したものの平方根を実効値といい、電圧・電流は実効値で表す。

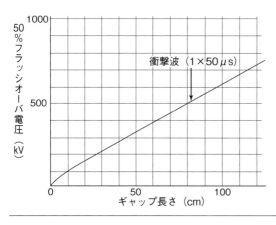

図 3.1.7　棒－棒電極におけるフラッシオーバ電圧（1967［昭和42］年　電気工学ハンドブック）

実効値の$\sqrt{2}$倍が波高値（最大値）である。

$$V = 200 + (22 \times \sqrt{2} \times 1.15\sqrt{2}) = 250\text{kV} \quad (3.1.1)$$

250kVに対する離隔は、図3.1.7に示す棒－棒電極による衝撃波（1（波頭長）×50μs（波尾長））の50％フラッシオーバ電圧とギャップ長さの関係から、約350mmが求まる。

同様にして、新幹線のT-T間は

$$V = 200 + (30 \times \sqrt{2} \times 1.15\sqrt{2}) = 269\text{kV} \quad (3.1.2)$$

であり、図3.1.7から、約390mmが求まり、この値に余裕を見て、400mmに定めている。

T-F間については、雷サージは同極性のため差電圧としては現れないので、開閉サージとして電圧倍数2.5倍を考慮して、在来線では179kV、新幹線では244kVが発生するとして、各種形状の電極による実験を行い、絶縁離隔を約350mm、新幹線が約450mmを求めて、標準離隔はこの値に余裕を持たせている。

欧州では国により標準離隔は異なるが、国際鉄道連合（UIC-600）によればT-E間の標準離隔は270mm、縮小離隔は220mmである。一方、国際電気標準会議（IEC60913-2013 Table2）によればT-E間の離隔は270mmで、縮小離隔はない。T-T間の離隔は、欧州は単相受電が主であり、三相からサイクリック受電している場合は、T-T間の位相差は120°で、電圧は27.5$\sqrt{3}$＝

47.6 kVになり、IEC60913-2013 Table3によれば、必要離隔は400mmである。

2 各種交流き電方式

1. BTき電回路

(a) BTき電回路の基本構成

吸上変圧器（BT：boosting transformer）は巻数比1:1の電流変圧器である（図3.2.1）。在来線の吸上変圧器は、定格容量64kVA・定格電流200Aが一般に使用されるが、負荷電流の増加に伴い、定格容量144kVA・定格電流300Aも用いられている。

図3.2.2はBTき電回路の基本構成であり、約4kmごとに電車線にセクション（切目）を設けてBTを配置し、負き電線（NF：negative feeder）に帰線電流（レール電流）を吸い上げるものであり、通信誘導軽減効果が大きい(1)。しかし、BTセクションをパンタグラフが通過するときにアークが発生するため、BTセクションを流れる負荷電流が制限される。

日本では大地への漏れ電流による通信誘導を考慮してレールは非接地としており、変電所およびき電区分所で3kVの放電器（SD：surge discharger）を通して接地しており、き電回路の地絡故障時の事故電流経路としている。

図3.2.3は在来線のBTセクションであり（7）、一般のエアーセクションに準じているが、区分用がいしは吸上変圧器の端子電圧が加わるのみであるため、180mm懸垂がいし1個を用いている。

BTセクションを電気車が通過する

図 3.2.1　(a) 吸上変圧器（64kVA・200A・対地22kV）　(b) 吸上変圧器（144kVA・300A・対地22kV）

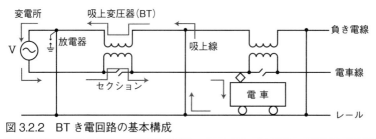

図3.2.2　BTき電回路の基本構成

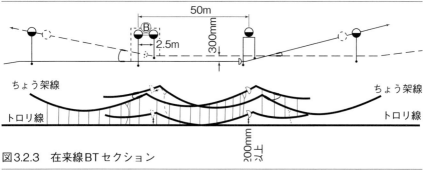

図3.2.3　在来線BTセクション

とき、パンタグラフでセクションを短絡し開放することによりアークが発生し、負荷電流が大きくなると過大なアークになり、電線の素線切れなどの損傷が生じる。1961（昭和36）年5月に、東北本線越河〜貝田間のBTセクション部のちょう架線の素線切れが発生した。東海道新幹線の工事中であったため、これは大きな問題となった。この原因はBT箇所のトロリ線に挿入した直列コンデンサのリアクタンスが、電車線路のリアクタンスよりも大きかったため、補償し過ぎとなり、セクション部の遮断電流が逆に増大したためである。

その後の検討で、図3.2.4に示すように、吸上線の両側の負き電線（NF）に2〜3Ω程度の直列コンデンサ（NFコンデンサ）を挿入してNF回路のリアクタンスを補償することにより、負荷電流の遮断電流分をNF回路が多く分流するとともに、電流遮断後にBTの端子に発生する回復電圧が小さくなり、セクションのアーク対策として効果があることが分かった。

NFコンデンサはBTき電回路の電圧降下対策としても有効であり、多用されている。図3.2.5は、吸上線箇所に設置された、在来線用の2組のNFコンデンサである。NFコンデンサは定格電流の3倍以上の故障電流が流れると、保護装置で短絡される。

第3章 交流き電方式

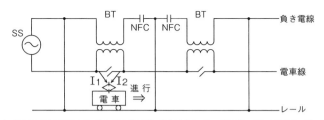

I_1：遮断電流

図 3.2.4 NF コンデンサによる対策

(b) BTセクションのアーク消弧試験について
(b-1) 東海道新幹線

　東海道新幹線は当初BTき電方式で建設され、負荷電流が大きいため、東北本線越河での架線故障を機にセクション部のアークが課題になり、東海道新幹線鴨宮モデル線で急きょ試験が行われて、電流の遮断限界が明らかにされた(2)。

　図3.2.6はBTセクションの試験例であり、パンタグラフは左から右方向へ向かっている。この試験結果から、BTセクションにおける電流の遮断限界は280Aとされている。BTの回復電圧は計算値で約3kVである。

　この結果に基づき、NFに直列コンデンサを挿入するとともに、図3.2.7に示す、抵抗器と組み合わせてアークを抑える抵抗セクションが開発されて対策が行われた。0系新幹線電車は2両で1ユニットを構成し、パンタグラフ間隔が50mであるので、抵抗セクションでは25m間隔でセクションS_1とS_2を切り込む必要があった。このため、抵抗セクションでは、補助ちょう架線に絶縁物を介して新しいトロリ線を接続し、これを本来のトロリ線と水平位置になるように架線構造をひねるように変形し、両線間でセクションを構成しており、ひねりセクションと呼んでいる。一方で、ひねりセクションは構造

図 3.2.5　(a) NF コンデンサの外観

図 3.2.5　(b) NF コンデンサの外観（保護装置）

図3.2.6 鴨宮モデル線BTセクション試験（6kV 負荷電流600A 時速100km）（シャッター速度：B、三浦梓氏提供）

が複雑で、保全性に難点があり、電車線の弱点となった。図において電車が左から右に走行する場合、左側のS_1で1台のパンタグラフ電流（最大120A）を遮断し、右側のS_2で抵抗10Ωで限流された複数パンタグラフの電流を遮断することになる。抵抗10Ωの場合の実用的な遮断電流の限界は約200Aとされている。

東海道新幹線は当初は12両編成であった。その後1968（昭和43）年から16両運転を開始するのに伴い、負荷電流は720Aから960Aに増加するため、さらに右側にも抵抗セクションを切り込んだ3S形抵抗セクション方式に変更された。

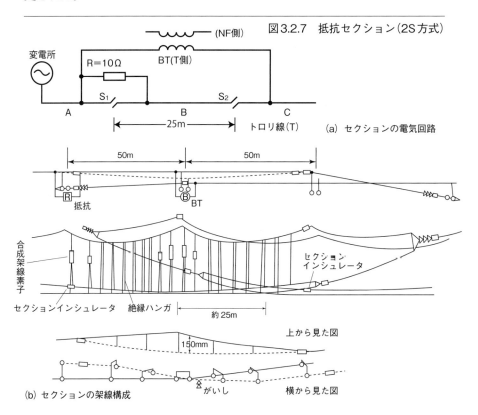

図3.2.7 抵抗セクション（2S方式）

第3章 交流き電方式

図3.2.8 吸上変圧器（240kVA）と抵抗セクション（通過列車は100系新幹線電車）

図3.2.9 吸上変圧器（120kVA）と避雷器

図3.2.8は吸上変圧器（240VA）と消弧抵抗（10Ω）であり、BT間隔は3kmとしている。なお、都心部は通信誘導軽減のため、120kVAのBTにより

［コラム］0系新幹線電車

五個荘（米原〜京都間）付近を走行する0系新幹線電車

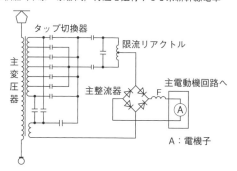

0系新幹線電車の主回路概略図

　運転開始当初の0系新幹線電車は低圧タップ制御車であり、車両用変圧器の二次側で電圧タップを制御して整流して直流直巻電動機を駆動している。1ユニット2両で構成しており、パンタグラフは独立していて、1パンタグラフ当たりの最大電流は120Aで、力率0.8程度である。

　左図下は主回路の概要、左図上は五個荘付近を走行する0系新幹線電車である。

1.5km間隔としており、図3.2.9のBTを用いている。

(b-2) 鹿児島本線（JR在来線）

図3.2.10は鹿児島本線で1996（平成8）年に行われた電車通過時のセクションアーク試験結果である（11）。

東海道新幹線鴨宮モデル線の試験結果と同様に、遮断電流300A、回復電圧850V程度から、アークとともに火花が発生しており、この付近の遮断電流が限界である。無対策の場合は負荷電流の約80

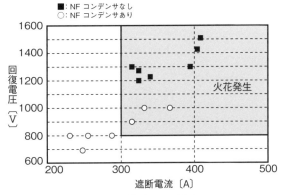

図3.2.10　遮断電流と回復電圧の実測

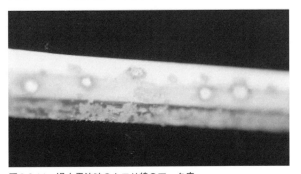

図3.2.11　過大電流時のトロリ線のアーク痕

%が遮断電流になり、NFコンデンサで対策した場合は、負荷電流の約60%が遮断電流になる。すなわち、BTき電方式は負荷電流500A程度が限界である。

図3.2.11は8M4T（4パンタグラフ）負荷の過大電流アークによるトロリ線のアーク痕である（11）。

2. ATき電回路

単巻変圧器（AT：auto-transformer、図3.2.12）は、2つの巻線が共通部分を有する変圧器であり、電気鉄道では巻数比を1:1としている。各巻線の容量を自己容量、線路に電力を供給できる容量を線路容量といい、自己容量の2倍が線路容量になる。ATの定格容量は一般には線路容量で表すが、鉄道では自己容量で表しており、在来線が1〜5MVA、新幹線が5〜10MVAを用いている。

図3.2.13はATき電回路の基本構成であり、線路に沿って約10km間隔で

第3章　交流き電方式

図3・2・12 (a) 在来線の単巻変圧器（44/22kV・2MVA）

図3・2・12 (b) 新幹線の単巻変圧器（60/30kV・7.5MVA）

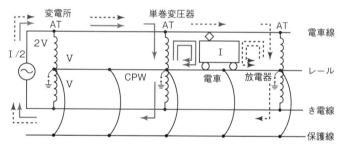

図3.2.13　ATき電回路の基本構成

ATを設けている。変電所のき電電圧を電車線路電圧の2倍とし、ATにより電車線路電圧に降圧して、電気車に電力を供給している。レール電流は両端のATに吸い上がり、通信誘導はBTき電方式並みに軽減する(1)。

ATき電方式は、電車線に弱点となるセクションがなく、巻数比1:1のATを用いて、き電電圧を電車線路電圧の2倍の2Vとしていることから、き電電流が電車電流の1/2になり、電圧降下が小さく、変電所間隔を長くでき、大電流の供給に適する。このため、現在の交流き電方式の標準方式として用いられている。

日本ではAT中性点およびレールは通信誘導障害を考慮して非接地としており、AT箇所で中性点を3kV（在来線および整備新幹線）または5kV（整備

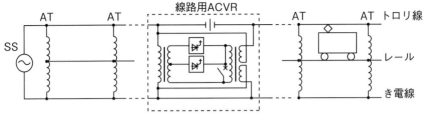

図 3.2.14 線路用架線電圧補償装置

新幹線以外）の放電器を介して接地している。

BTき電方式で建設された東海道新幹線も、1984（昭和59）年～1991（平成3）年にATき電方式に変更された。

在来線ATき電回路の電圧降下対策として、図3.2.14に示すタップ切換変圧器をサイリスタスイッチで高速切換を行う。架線電圧補償装置（ACVR：AC feeding line voltage regulator）があり、1970（昭和45）年ころから採用されている（1）。

ACVRは1 200Vないし2 400Vの昇圧を行い電圧差があるので、デッドセクションが必要である。ACVRは全国に10箇所程度あり、おもに延長き電用にき電区分所で用いており、き電区分用のデッドセクションと兼ねている。単独き電用のACVRは肥薩おれんじ鉄道（佐敷）の昇圧ポストおよび日豊本線（直川）の補助き電区分所にあり、デッドセクションがある。

その後、1991（平成3）年から、パワーエレクトロニクス装置の進展により、負荷力率を改善し電圧降下を補償する静止形無効電力補償装置（SVC：static var compensator）が、電圧降下の大きい線区のき電区分所に設置されているが、セクションは不要である。

3 区分装置

1. エアーセクション

図3.3.1は在来線交流き電用のエアーセクションであり（7）、絶縁離隔および許容されるジグザグ偏位の関係から平行部分（オーバラップ）の電車線相互の間隔は300mmとし、止むを得ない場合は250mmまで短縮できる。

在来線では、変電所やき電区分所の異相セクションはデッドセクションとしている。

第3章 交流き電方式

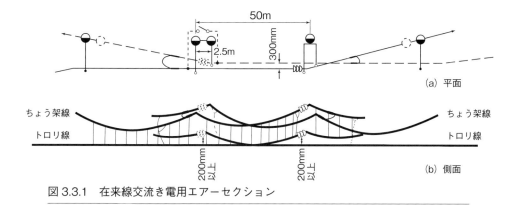

図 3.3.1 在来線交流き電用エアーセクション

　エアーセクションは保守作業や事故時の区分を行う補助き電区分所や、区分断路器ポスト（DSP：disconnecting switch post）に用いられている。これらの箇所では平行する2線は同相であり、通常は負荷断路器または断路器で短絡されている。

　図3.3.2は整備新幹線のエアーセクションである。新幹線のエアーセクションは電車線相互の離隔距離は500mmであり、区分用がいしの下端は、本線のトロリ線の高さから450mm以上引き上げることにしており、トロリ線勾配を緩やかにすること、および温度変化によるオーバラップ構成の崩れが少ないように、電柱2径間（100m）で平行部分を構成している。

　交流電気鉄道においても、直流電気鉄道と同様にセクションオーバは絶対に避ける必要があり、変電所の機器連動および連絡遮断装置で、関係する加圧区間の緊急停電などを行う。

図3.3.2(a) 新幹線のエアーセクションと引留（一般公開時）エアーセクション（並行部分）

図3.3.2(b) 引留（ばね式バランサ）

2. エアージョイント

　エアージョイントは、エアーセクションと同様な構成で、電車線を機械的に区分する装置である。

　電気的にはコネクタで接続している。電車線の平行部分は在来線が1径間（40m以上）、新幹線は2径間（100m）とし、電線間の標準離隔は普通鉄道が150mm、新幹線が300mmとしている。

3. がいし形セクション

　がいし形セクションは、懸垂がいしを絶縁材として、スライダを付けてパンタグラフが通過できるようにしたものである（1）。パンタグラフ通過中に電流が中断されない。交流区間の駅構内などに使用される。

a. 在来線（20kV）

　在来線では上下線の区分、本線と側線の区分、駅構内などのき電区分に、図3.3.3のセクションを用いている。同相A形セクションと呼んでおり、許容最高速度は45km/h以下である。

　当初、区分用がいしに長幹がいしを用いていたが、ヒダ欠けやがいし破損が発生したために、1970（昭和45）年より懸垂がいしに変更されている。

b. 新幹線 （25kV）

　新幹線では、駅構内の電車線を部分的に停電させるなど、き電区分用に図3.3.4の同相B形セクションを用いている。

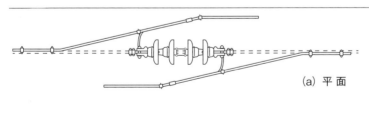

(a) 平面

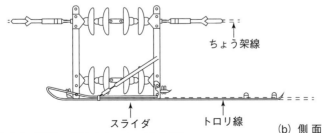

(b) 側面

図3.3.3　同相A形セクション（在来線）
出典：『電気鉄道ハンドブック』（コロナ社）

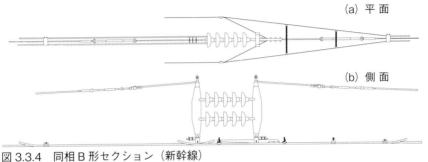

(a) 平面

(b) 側面

図 3.3.4　同相 B 形セクション（新幹線）

列車の許容最高速度は、順方向が 70km/h 以下、逆方向が 45km/h 以下である。

4. 樹脂製（FRP）セクション

a. 在来線（20kV）同相セクション

図3.3.5は交流20kV用樹脂製（FRP）セクションで、導体スライダに銅、絶縁スライダにFRPを用いている。このセクションは、がいし形セクションと同様に、上下線の区分、本線と側線の区分、構内区分などの同相区分に用いている。列車の許容最高速度は85km/h以下で、がいし形セクションより高くなっている。図3.3.6はFRPセクションの外観である。

図3.3.7はちょう架線のがいしにポリマがいしを使用するとともに、本線での使用を考慮して高速性能を向上した、亀の甲形の同相セクションである。

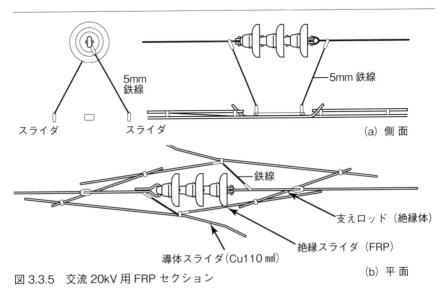

図 3.3.5　交流 20kV 用 FRP セクション

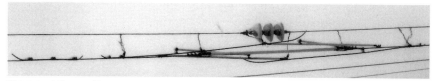

図3.3.6 交流20kV用FRPセクションの外観

b. 新幹線（25kV）異相セクション

　図3.3.8は新幹線用FRPセクションで、上下わたりのスペースの制約から、在来線のデットセクションより一回り小さくなっている。速度の低い駅構内や車両基地などの上下線間や洗浄線などで用いられる。列車の許容速度は70km/h以下で、進入時は惰行または止むを得ない場合でも30A以下で通過することになっている。

c. 新幹線（25kV）同相セクション

　従来の新幹線用同相B形セクションは順方向が70km/h走行が可能であるのに対し、逆方向が45km/h以下に限定されている。このため、両方向とも70km/h走行が可能な図3.3.9に示す同相セクションが開発され、2002（平成14）年12月開業の東北新幹線（盛岡・八戸間）以降に使用されている。

図3.3.7　ちょう架線にポリマがいしを使用したFRPセクション

図3.3.10 トロリ線の離線模擬試験状況

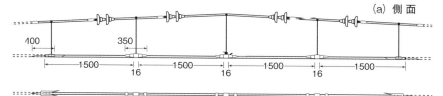

図3.3.8　新幹線（25kV）用樹脂製（FRP）異相セクション

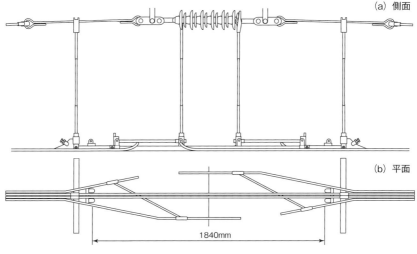

図 3.3.9　新幹線（25kV）同相セクション

5.トロリ線の離線模擬試験

　集電状態のトロリ線からパンタグラフが離れると、空気の絶縁が破壊し気体が電離して、アークが発生する。陽極と陰極を水平に置きアーク放電を発生させると、高温になり上昇気流が発生して放電は弧（arc）の形になるので、電弧（アーク）と名付けられた。

　図3.3.10は実験室でトロリ線とパンタグラフのすり板を対向させて、離線を模擬した試験である。電源は6kVを用いてアークを発生させ、列車風を模擬して送風機により右から左へ風を送っている。

　この結果、アークは電流の大きさに比例するとともに、列車が低速の場合に比べて、高速になるとアークが列車風により冷却されて収縮して小さくなる傾向があることが分かった。

　離線して大きなアークが発生しないためには、パンタグラフがスムーズに集電できるように、セクションを構成することが大事である。

4　交流き電用変電所

1.き電用変圧器

　交流電気車は単相負荷であるが、き電用変電所で電力会社から単相で受電すると電源側に大きな不平衡や電圧降下が発生する。不平衡や電圧変動が大

きいと、回転機のトルク減少や過熱、照明のチラつきなどの原因となるため、電気設備技術基準第55条およびその解釈第212条（2012［平成24］年）で、三相側の電圧不平衡率は、2時間平均負荷で3％以内としている。

また、単相電力負荷は電力会社の設備利用率が低くなるため、電力料金も割高である。そこで三相電力を2組の単相電力に変換してバランスさせる、三相二相変換変圧器を用いるとともに、容量の大きい電源から受電している（1）。

図3.4.1は在来線・交流き電用変電所でスコット結線変圧器で110kVを受電し、BTき電（22kV）およびATき電（44kV）を行っている例である。き電用変圧器は、受電電圧66kV〜154kVの特別高圧系統から受電する場合には、図3.4.2のスコット結線変圧器が用いられている。結線図からわかるように、M座とT座の位相差は90°である。また、二次側（き電側）には中性点は出ておらず非接地であるが、東海道新幹線のAT化では、三巻線変圧器を用いて中性点付きとしており、ATの中性点（レール）と接続して、例えばT相地絡時にF相の電位が上昇しないようにしている。

一方、新幹線のATき電回路では、負荷容量が大きく、き電距離が長いため、受電電圧187kV〜275kVの超高圧から受電が行われており、一次側がY結線で中性点を直接接地できる変形ウッドブリッジ結線変圧器が長く用いられた。その後、簡素化した超高圧受電用変圧器結線の開発が行われ、図3.4.3のルーフ・デルタ結線変圧器が、2010（平成22）年の東北新幹線（八戸・新青森間）開業から用いられている（2）。結線図より分かるように、A座とB座の位相差は90°である。

これらの変圧器は、M座（A座）とT座（B座）の負荷が平衡すれば、三相側でも電流が平衡する。変圧器の三相容量は、在来線が6〜60MVA、新幹

図3.4.1　受電側：スコット結線変圧器・電力用コンデンサ

き電側：BT（22kV）＋AT（44kV）

[コラム] 特別高圧母線引通し

東海道・山陽新幹線の0系新幹線電車では2両（1ユニット）に1台の割合でパンタグラフが設備されており、夜になるとパンタグラフからアークを出しながら走る姿が見られた。

東海道新幹線は当時BTき電方式であり、BTセクションは抵抗セクションとして、1台のパンタグラフごとに電流を限流して通過しており、パンタグラフを特別高圧母線で結ぶことができなかった。これを可能にしたのが、ATき電方式の完成であり、1991（平成3）年のBTき電方式からATき電方式への更新完了である。

かつては0系新幹線電車が2両に1台のパンタグラフで運転されていた。その後、1985（昭和60）年3月の東北新幹線上野開業における200系電車の240km/h速度向上で、特別高圧母線引通しとパンタグラフ半減で運行されるようになった。東海道・山陽新幹線の100系電車は東海道新幹線のAT化完了以降に母線引通しとパンタグラフが減少された。

また、母線引通しの結果、先頭車近くにパンタグラフを置く必要がなくなり、気流が安定する3両目付近に置くことが出来るようになった。特別高圧母線引通しにより、パンタグラフ1台当りの電流は増加するが、パンタグラフのアークが激減した。これにより、トロリ線摩耗が軽減し、アーク騒音や電波雑音が出なくなった。電気的には変圧器の直流偏磁がなくなり、PWMコンバータが安定した制御ができるようになった。

なお、JR東日本のE5系新幹線電車は、スプリングを内蔵した追随性の良い10分割のすり板を開発して、前後2台あるパンタグラフのうち、後方の1台のみを使用している。

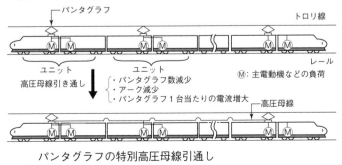

パンタグラフの特別高圧母線引通し

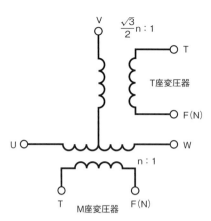

図3.4.2 （a）スコット結線変圧器結線

（b）スコット結線変圧器の外観（154kV/［44kV+44kV］・30MVA）

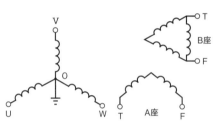

図3.4.3 （a）ルーフ・デルタ結線変圧器結線

（b）ルーフ・デルタ結線変圧器の外観（275kV/［60kV+60kV］・40MVA）（鉄道・運輸機構提供）

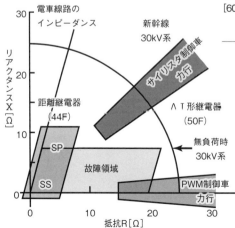

図3.4.4 負荷と保護継電器の特性（新幹線の例）

線が30〜200MVA程度である。

2. き電回路の保護協調（故障検出）

き電回路の故障には、車両故障、架線故障、飛来物、鳥害、がいしせん絡、樹木倒壊などがあり、特別高圧で電圧が高いため故障電流が大きく、早急に故障を検出して故障電流を遮断す

[コラム] 不等辺スコット結線変圧器（三相／単相変換）

　新幹線の車両基地は広い構内に電力を供給するため、単相電源が有利である。また、線区が短い第三セクターの電気鉄道は、回路構成上、単相き電が有利な場合がある。このような場合に用いられるのが、不等辺スコット結線変圧器で、三相受電を行うスコット結線変圧器の、き電側M座のN相とT座のN相を結び、T座のT相とM座のT相（S座という）から、負荷（き電回路）に単相電源を供給する。S座とT座の成す角を「スコット角」といい、サイリスタ制御車が負荷の場合は30°、PWM制御車が負荷の場合は45°にしている。

　補償容量として、き電側のM座にリアクトル、T座にコンデンサを接続すると三相側で電力が平衡するが、負荷電力が小さくて不平衡が許容値内に収まる場合は、補償容量は必要としない。

　変電所前のセクションは同相であり、エアーセクションで良い。

不等辺スコット結線変圧器（66kV/44kV）

コンデンサ(左)・リアクトル(中央)・遮断器(右)

る必要がある。き電回路故障の検出には、変電所からインピーダンスが小さくなったことを監視する距離継電器（44F）と、直流と同様に電流変化が一定以上の大きさで動作する交流ΔI形故障選択継電器（交流50F）を組合せている(1)。図3.4.4は変電所から見たインピーダンス平面に、負荷と保護継電器の保護特性の関係を描いたもので、図3.4.5はディジタル形交流き電線保護継電器（44F+50F・ほか）である。

　電車が異相セクションを通過するときに発生する、値の大きな車両用変圧器の無負荷励磁突入電流で不要動作しないように、保護継電器では、基本波電流に対する第2調波電流の割合いを連続的に検出して、第2調波が12%

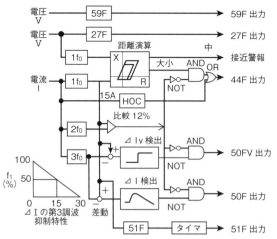

図 3.4.5（b） ディジタル形交流き電線保護継電器の外観

図 3.4.5（a） ディジタル形交流き電線保護継電器のブロック図

以上（新幹線の場合。在来線は15%）含まれれば無負荷励磁突入電流と判断して、不要動作を抑止している。

　故障が発生すると、100ms程度以下で検出して、遮断器で故障電流を遮断している。一般に、飛来物による短絡や支持がいし表面のリークなどにより発生するアークによるせん絡故障は、故障電流の遮断によりアークが消滅すると、故障が回復することが多いので、0.5秒後に遮断器を自動再閉路している。

　さらに、交流き電回路はき電距離が長いため、故障が発生すると、BTき電回路では変電所からのリアクタンス値を演算し、ATき電回路では各ATの中性点電流の比から故障点標定をしており、故障個所の早期探索と復旧に貢献している。

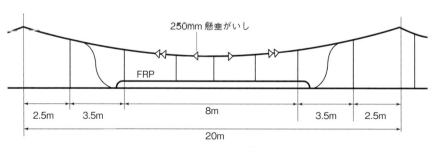

図 3.5.1　交流 20kV 用デッドセクション　出典：『電気鉄道ハンドブック』（コロナ社）

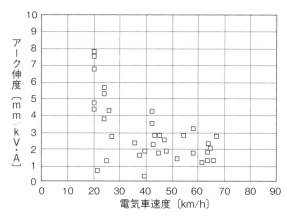

図3.5.2　交流20kV用デッドセクション　　図3.5.3　電気車速度とアーク長　出典：『電気鉄道ハンドブック』（コロナ社）

5　交流電気鉄道における異相電源区分

1. 交流ー交流セクション（在来線）

　交流電気鉄道では、変電所およびき電区分所で位相の異なる電源が突合せになる。そこで、在来線では、異相セクションとして、図3.5.1に示すように、長さ8mのFRP製のデッドセクションを設けて、電気車は運転士の操作でノッチオフして通過している (6)。図3.5.2はデッドクションの外観である。

　デッドセクションには、パンタグラフの受ける衝撃や接続部のトロリ線に発生する応力の緩和が必要で、

> ①絶縁物の引張り強さと軽量化　　②絶縁物の可とう性
> ③トロリ線との接続金具の軽量化

などが要求される。

　交流電気鉄道（在来線）では、デッドセクションを短絡しないように、電車のパンタグラフは複数あっても独立しており、パンタグラフ間の特別高圧母線の引通しは行っていない。電気機関車のパンタグラフは前後に2台を搭載しているが、交流区間では後部の1台で集電している。

　図3.5.3は1960（昭和35）年に東北線で行われた力行負荷による、電気車速度と負荷容量（kVA）に関するアーク長の実験結果である (6)。

　この結果から、アーク長は速度に大きく依存して列車速度が速いと短くな

> **[コラム]車両用変圧器の無負荷励磁突入電流**
>
> 　無負荷変圧器で、一次側に電圧を印加した瞬間に、定格電流の数倍の大きさの無負荷励磁突入電流が流れることがある。
>
> 　すなわち、変圧器鉄心に残留磁束が無い場合は、電圧の位相角90°付近でスイッチを閉じれば過渡現象は発生しないが、電圧の位相角0°でスイッチを閉じれば磁束の変化が大きくなり、値の大きい半波の電流が流れる。無負荷励磁突入電流は数秒から数分で減衰する。
>
> 　残留磁束がある場合は、無負荷励磁突入電流が発生する電圧位相が異なる。
>
> 　車両用変圧器の無負荷励磁突入電流は、電車がノッチオフで異相セクションを通過して新しい電源区間に入った時に発生し、変電所の保護継電器を不要動作させるので注意が必要である。変電所から見ると、先行列車の負荷電流と合成されることが多く、波形の上下非対称が小さくなる。
>
> 　基本波電流に対する2倍の周波数成分である第2調波成分の含有率は、励磁突入電流単独では50%程度であるが、負荷電流が重なると15%程度に低下する。
>
>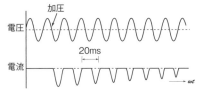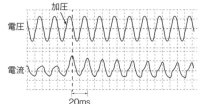
>
> 無負荷変圧器における励磁突入電流の発生（残留磁束がない場合）　　無負荷励磁突入電流と先行する負荷電流の合成波形

るが、通常の走行速度域ではkVA当たりのアーク長は3mmであり、アークエネルギーを最大2 600kVAと仮定すると、セクションの所要長さは

$$ I = 2\,600\text{kVA} \times 3\text{mm}/\text{kVA} = 7\,800\text{mm} \fallingdotseq 8\text{m} \quad (3.3.1) $$

が必要であり、力行を考慮してセクション長さを8mとしている。

　デッドセクションでは、入口では補機電流を切るためのアークが発生し、出口の加圧区間では車両用変圧器の無負荷突入電流が流れるため、パンタグラフの離線が発生しないようにするとともに、消弧用にステンレス製で長さ

[コラム]サイリスタ純ブリッジ制御電車

　在来線の交流き電用変電所き電引出し箇所を通過する783系交流電車を示す。サイリスタ位相制御車で電力回生ブレーキ付きである。デッドセクションでは電車はノッチオフで通過するのが原則であるが、万一デッドセクションを回生で通過すると、サイリスタブリッジのアームが転流失敗して短絡状態になるので、過電流検知による保護を行っている。2M2T編成の最大電流は力行130A、回生80A、力率が力行時0.7～0.8、回生時-0.5程度である。

変電所前を通過する783系交流電車（サイリスタ純ブリッジ方式、電力回生ブレーキ付き）

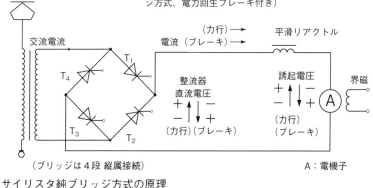

サイリスタ純ブリッジ方式の原理

約200mmないし300mmのアークホーンを設けている。

　図3.5.4は出口側のアークホーンの例であり、幾つかの形式がある。最近は、耐アーク性の向上のため、アークホーンには硬銅トロリ線の加工品も用いる。

2. 切替セクションと切替開閉器（新幹線）

(a) 切替セクションの構成

　新幹線では200km/h以上の高速でセクションを通過するため、異相電源の突合せ箇所を力行扱いのまま通過できるように、図3.5.5に示すように、2つのエアーセクションを設けて、約1 000mの切替セクションを構成して、

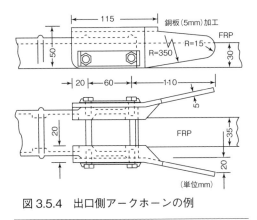

図 3.5.4　出口側アークホーンの例

軌道回路で電車位置を検出して切替開閉器により進行方向の電源に切り替えている（6）。切替に伴う無電圧時間は、開発当初の東海道新幹線では、低圧タップ制御車の0系電車が使用されており、再加圧時に突入電流が流れるのを抑えるための限流抵抗の挿入に0.2秒を要すること、車内の補機用の電動発電機が無電圧になってから所要の回転数を保てる時間は0.5秒程度であること、信号のATCが停電を検知して急制動をかけるのが0.5秒程度であること、変電機器の動作に要する時間など、車両や信号の時限特性と協調して300±50msとしている。

　同図のセクションの長さは山陽新幹線当時に、列車の最高速度を260km/hとして検討された結果であり、中セクション長さおよび列車検知軌道回路の長さは次の考え方によっている。

①進入側：16両の列車長＋逆行列車速度（速度計誤差含む）×切替制御時間＋余裕
＝　400m +214km/h ÷ 3.6 × 2.5秒＋余裕　＝ 548＋余裕＝ 550m

②列車入検知：車軸間距離＋順方向列車速度×切替制御時間＋余裕
＝　20m+265km/h ÷ 3.6 × 2.8秒＋余裕＝ 20m+206＋余裕＝ 250m

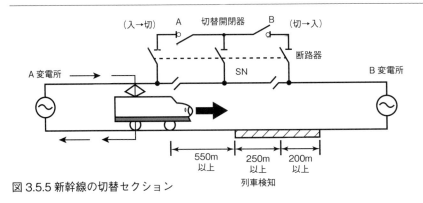

図 3.5.5 新幹線の切替セクション

図3.5.6 切替開閉器(右側にも有)と光CT

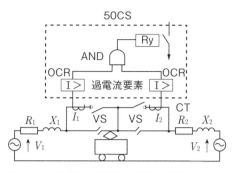

図3.5.7 切替開閉器の故障検出原理

③列車出検知：車軸間距離＋逆行列車速度
×切替制御時間＋余裕

＝ 20m ＋ 214km/h ÷ 3.6 × 2.8秒＋余裕＝ 20+166+ 余裕＝ 200m

最近の新幹線電車は、突然無電圧になって衝撃を受けることがないように、信号（トランスポンダ）でセクションを検知して、電力変換器の電流を絞ってから切替セクションをスムーズに通過している。

図3.5.6は切替開閉器と光CTの外観であり（5）、当初は空気遮断器が使用されていたが、1980（昭和55）年頃から、保全性の良い真空開閉器（VS：vacuum switch）が使用されるようになった。切替開閉器は、定格電圧36kV、定格電流1 200Aの真空開閉器2台で一組として電源の切替を行っている。一般の開閉器に比較して多頻度動作が特徴であり、動作回数5万回で点検、10万回でオーバーホール、20万回で真空バルブの取替を行っている。

切替開閉器は動作頻度が高く、一般の遮断器に比較して故障時の対応が重要である。切替開閉器は正常時は、片方は入り、他方は切りの状態であるが、故障時には、切りの状態であるべき開閉器がアークでつながって電気的に接続された状態になり、大きな故障電流が流れる。

そこで、図3.5.7の構成図に示すように、切替開閉器AとBの電流を取り込み、両者に同時に電流が流れたときに切替開閉器故障と判断する。切

図3.5.8 切替開閉器故障検出継電器本体

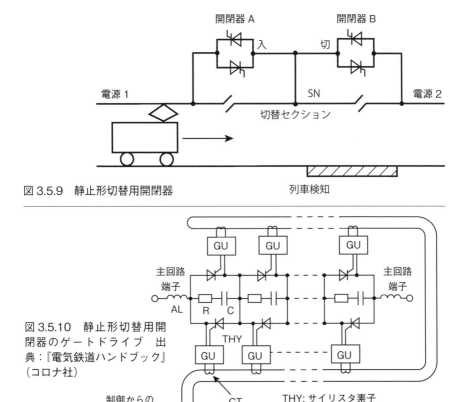

図 3.5.9 静止形切替用開閉器

図 3.5.10 静止形切替用開閉器のゲートドライブ 出典:『電気鉄道ハンドブック』（コロナ社）

替開閉器故障検出継電器（50CS、図3.5.8）を用いている。電流検出は整備新幹線など新設の変電所では切替開閉器室の屋外に電磁形CT（current transformer：電流検出器）を設けているが、山陽新幹線や東北・上越新幹線では切替開閉器室内に小形の光CTを設けている。この継電器により、切替開閉器の故障を特定できるとともに、予備器に切換えが出来る。

3. 静止形切替開閉器による保全性の向上

切替開閉器は多頻度動作でありメンテナンスに手間がかかるため、図3.5.9に示す静止形切替用開閉器の開発がすすめられ、2014（平成26）年から運行密度の高い東海道新幹線で順次実運用されている(12)。

切替セクションは電車がないときはサイリスタは無負荷で待機するため、

第3章　交流き電方式

N700系新幹線電車

[コラム] 東海道・山陽新幹線N700系電車

　PWMコンバータ+VVVFインバータ制御により誘導電動機を駆動しており、高力率で電力回生ブレーキ付きである。電力用半導体素子にIGBT（絶縁ゲートバイポーラトランジスタ）を用いている。最高速度でのインバータの周波数は170Hz程度、電動機の回転数は1分間に5 000回転強である。

　最近の新幹線電車は、車両で切替セクションを事前に検知してPWMコンバータの電流を絞って切替セクションを通過、再加圧されたらソフトスタートするようにしているので、瞬時無電圧によるショックを感じずに通過できる。

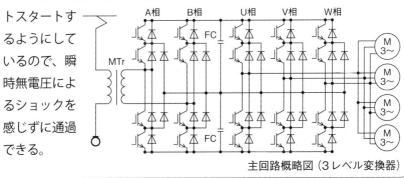

主回路概略図（3レベル変換器）

光点弧サイリスタではLEDが常時点灯状態が必要であり寿命が短くなる。このため、電磁形サイリスタを用いるのが望ましく、図3.5.10のような電流方式のゲートドライブシステムで一斉に点弧を行っている（6）。

4. 50/60Hz 異周波電源の突合せ

(a)　異周波電源突合せ箇所と電車の通過方法

　わが国では、糸魚川〜軽井沢〜富士川を境界として、電力会社の周波数は東側が50Hz、西側が60Hzの異周波電源の地域に分かれている。海外で

は、例えば米国・カナダなどは60Hz、欧州やアフリカなどは50Hzに統一されており、わが国のように周波数が混在する国はない。これは、明治時代に、東京電力の前身の東京電燈がドイツのAEG（Allgemeine Elektrizit ts – Gesellschaft）社製の50Hzの発電機を、関西電力の前身の大阪電燈が米国GE（General Electric）社製の60Hzの発電機を採用したのに端を発している（2）。

1964（昭和39）年に開業した東海道新幹線では、50/60Hz両用車両の製作と、周波数統一方式の2案の技術的・経済的な比較検討が行われた。この結果、60Hz区間が長く車両機器も軽くなること、回転機による周波数変換装置技術は十分に対応できることが想定されたため、東海道新幹線は全線を60Hzに統一することになり、50Hzである東京電力管内に周波数変換変電所が設置された。

一方、横川～軽井沢間に30‰の長い急勾配のある北陸新幹線用として、1985（昭和60）年頃からPWM（pulse width modulation）コンバータとVVVF（variable voltage variable frequency）インバータおよび誘導電動機を用いた、高力率で電力回生付きのシステムが開発され、JR東海の300系電車として実用化された。その後、全ての新幹線にこの方式が採用された。

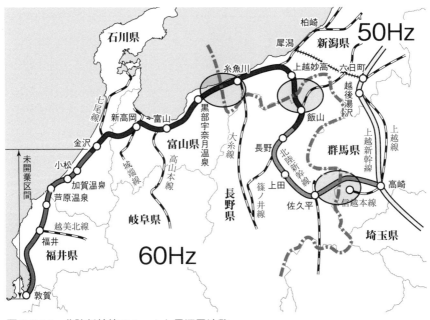

図3.5.11　北陸新幹線のルートと電源周波数

[コラム] 新幹線電車のパンタグラフ

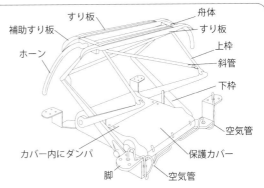

下枠交差形パンタグラフ（PS200A）

0系新幹線電車では下枠交差形パンタグラフ（PS200A）が用いられた。静的押上力を54N（5.5kgf×9.8）、揚力を15N（210km/h）としている。PS200A形の場合で舟体の長さは1100mm、すり板は900mmである。

在来線においてシングルアームパンタグラフの採用に伴い、新幹線でもシングルアームパンタグラフが採用されるようになり、低騒音のがいしの開発とあいまって、速度向上に伴い設けられたパンタグラフカバーは不要になった。右上図は0系新幹線電車用の下枠交差形パンタグラフ、下図左は九州新幹線800系電車の低騒音パンタグラフ（KPS207）である。

現在の新幹線電車では、鉄系焼結合金すり板が用いられている。

また、わが国で初の300km/h運転を行う電車として、1997（平成9）年3月にJR西日本の500系新幹線電車が営業したが、そのときに用いられたのが下図右の翼形集電装置で、ふくろうの羽根にヒントを得て空気音の低減を実現したとされる。

800系新幹線電車には、架線の状態を検測するために、営業車に架線の高さ、偏位、パンタグラフの加速度を測定する装置を搭載している電車（U008編成）があり、パンタグラフの右下の□3個が架線の状態を検測するカテナリアイである。

800系新幹線電車用シングルアームパンタグラフ（KPS207）（JR九州提供）

山陽新幹線500系電車用の翼形集電装置

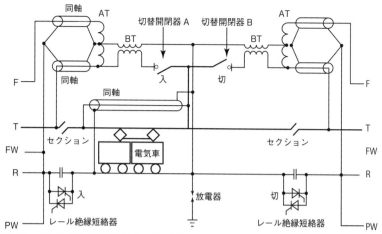

図3.5.13　50/60Hz異周波妨害対策回路

図3.5.12　長野新幹線（当時）E2系電車（PWM制御＋VVVF制御＋誘導電動機　電力回生ブレーキ付き）

図3.5.14　レール絶縁短絡器

　図3.5.11は北陸新幹線のルートであり、東京電力の50Hz、北陸電力の60Hz、東北電力の50Hz区間をまたいで通過している。

　1997（平成9）年に開業した北陸新幹線（長野新幹線：高崎・長野間）では、図3.5.12のPWMコンバータ＋VVVFインバータによる誘導電動機駆動方式のE2系新幹線電車であり、50/60Hz切換は車上切換方式が採用された。

(b)　異周波電源突合せ箇所における電力設備の対策 (6)(13)

　異周波電源が突合せになるき電区分箇所では、ATC信号に異周波妨害を受けて、ATCが誤動作するおそれがある。

　そこで、図3.5.13に示すように、レールに絶縁を設けて、異周波区間へのレール電流の流出を防ぐとともに、電車の通過に伴い電車線の切替セクションと同じ動作をするレール絶縁短絡器を設けて、車輪がレール絶縁を短絡・

第3章 交流き電方式

[コラム] レール絶縁と車輪の電流遮断

レールに絶縁を挿入すると、電車の車輪が絶縁箇所を力行で通過するときに、電流を遮断する。そこで、右下図の回路のように、手前のレールに絶縁を挿入し、奥のレールとの間に電圧を印加して、車輪を転がして試験をおこなった(13)。

左の図は、レール絶縁部と車輪間に発生したアークの例である。レール絶縁部からアークが発生すると絶縁部が損傷するため、異周波電源突合せ・レール絶縁箇所では、列車通過時に切替開閉器の動作にあわせて、レール絶縁部を短絡することになった。

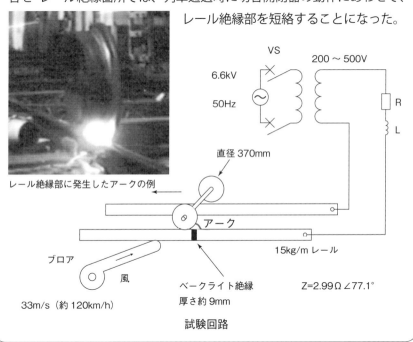

開放したときのアークの発生を防いでいる。図3.5.14はレール絶縁短絡器であり、サイリスタスイッチを用いている。さらに、BT（容量240kVA）および往復インピーダンスの小さい同軸電力ケーブルを用いて、中セクション部のレール電流を吸い上げるようにしている。

異周波突合せ箇所では、切替開

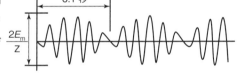

図3.5.15　50/60Hz電源混触時の電流波形

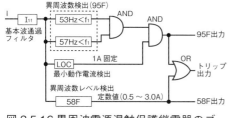

図3.5.16 異周波電源混触保護継電器のブロック図

図3.5.17 異周波電源混触保護継電器

閉器は極間にビート状で2倍の電圧が加わるので、高耐圧形としている。

電車線の短絡や切替開閉器の極間短絡などが起こると、異周波電源が混触し、図3.5.15のように最大振幅が $2E_m/Z$ で55Hzの波形が、0.1秒周期で強弱を繰り返すビート状の電流が流れる。

異周波電源混触は、ビート状電流の55Hz成分を検出する要素（95F）と、50Hz成分と60Hzに分離して相手側変電所の周波数成分を検出する要素（58F）を組み合わせて保護している。図3.5.16は異周波電源混触保護継電器のブロック図、図3.5.17は外観であり、異周波電源境界の変電所およびき電区分所に設けられている。

なお、北海道新幹線の青函トンネルにおいては、北海道電力と東北電力はともに50Hzであるが、同期がとれておらず非同期電源で電圧波形にずれが生じるため、常時の突き合せ箇所である本州方のき電区分所と、延長き電時の突き合せ箇所である北海道方の変電所では、異周波対策と同様に図3.5.13の非同期対策をとるとともに、高耐圧の切替開閉器を用いている。電圧波形のビートの周期は異周波の場合より長周期で、不定である。

6 車両基地き電と同相セクション

1. 同相セクションにおけるアークの発生と対策

交流き電において、変電所からπ形で方面別に異相き電する方式は、上下線が同相のため上下線間の電圧差が小さく、駅構内の上下渡りセクションが簡単な同相セクションが適用できる。

しかし、新幹線電車の留置線（電留線）へのき電のように、変電所より単独き電線で行われており、本線へ入出庫するセクション部がき電用変電所より遠く離れている場合は、途中のき電回路のインピーダンスと電車負荷電流

の積により電圧が降下し、セクション間の電圧差が数千ボルトになる場合がある。このような時に同相セクション部を電車が通過すると、パンタグラフによるセクションの短絡・開放により、セクション部に過大なアークが発生し（図3.6.1・対策前）、セクション部に損傷を与えたり、地絡事故に発展する。

これらの現象は、セクション通過列車と、他の重負荷列車の時間的競合により起きるもので頻度は小さいが、適切な対策をとる必要があり、以下の対策がある。

①本線と車両基地のトロリ線を遮断器で結ぶ方式
　営業時間帯は本線から車両基地にき電するが、終電後は車両の保守のために車両基地専用回線に切換える必要がある。
②切替セクション方式
　設備が複雑であり留置本数の少ない電留線には向かないが、留置本数の多い本格的な車両基地では、基地専用の変電所を設置して本線への入出庫線は切替セクション方式としている。
③抵抗挿入形セクション方式
　留置線の少ない車両基地に適用されている方式である。セクションに抵抗を挿入して、パンタグラフで開放する電流を抑制してアークを小さくする。

2. 抵抗セクションによるアーク対策（14）

図3.6.2は本線と車両基地専用線によるき電の概念図で、図3.6.3は抵抗セクションの詳細である。列車は低速のため、エアーセクションでも同相B形

図3.6.1　電車通過時の同相セクションのアーク（対策前）　出典：『現場に必要な電力の知識』渡辺寛 著（1971（昭和46）年／鉄道電化協会）

←標識

図3.6.4　消弧抵抗器（10Ω）の外観

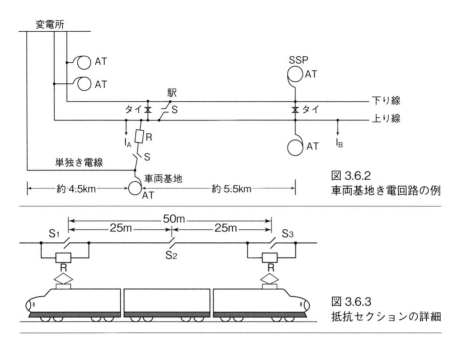

図 3.6.2
車両基地き電回路の例

図 3.6.3
抵抗セクションの詳細

セクションでも良い。抵抗は東海道新幹線のBTセクションで実績のある10Ωを用いている。図3.6.4は消弧用の10Ωの抵抗器で、左下の電柱には電車線区分標識がある。

　検討当時は0系新幹線電車であり、パンタグラフは独立しており、それぞれのパンタグラフがセクションを通過するときに、抵抗により限流されてアークは小さくなる。

　現在は電車のパンタグラフは特別高圧母線で結ばれており、母線でセクションを短絡するが、最終パンタグラフがセクションを通過するときに、限流された全電流を遮断することになる。

　パンタグラフが開放する電流を遮断電流、遮断後のセクション電圧を回復電圧と称し、図3.6.2の回路において、本線の2箇所の負荷電流をそれぞれ1 000A、力率80%として試算すると、回復電圧は1 750V∠77°で、最終パンタグラフが切る遮断電流は、無対策時は730A∠0°であるが、抵抗10Ωを挿入すると160A∠65°になり、実用的な遮断電流の許容値とされる200A以下である。さらに遮断電流の位相は回復電圧の位相に近づいており、抵抗遮断となって電流の遮断は容易になる。

第4章 直流電気鉄道と交流電気鉄道の境界

常磐線輸送改善用として新製された531系通勤形交直流電車の屋根上機器

　直流電気鉄道と交流電気鉄道の突合せ箇所にはデッドセクションがあり、電気車は遮断器を開放してノッチオフで通過するとともに、主回路を切り替える。交直セクションの長さは、電気車が遮断器を開放せずに冒進したときに必要な保護方式により異なっており、交流→直流より、直流→交流のデッドセクションが2倍強長くなっている。

　最近では、電車の切替え操作は、地上からのトランスポンダでセクション位置を検出して、自動的に行われるようになっている。

　特に、交流区間に直流単軌条方式の信号回路を用いている箇所や、地磁気観測所がある箇所では、直流電気車の帰線電流がレールを通して交流区間に流れないように、直流遊流阻止装置を設けている。関東では石岡市柿岡に地磁気観測所があり、35km圏内では直流電気鉄道の影響があるとされており、交流電気鉄道または非電化としている。

1　交直区分用セクションの考え方

　普通鉄道（在来線）では、交流き電回路と直流き電回路の境界には、FRP製の交直セクションを設けて、電気車が通過する際は乗務員がノッチオフして、交流と直流の電気回路を切替えるようにしている。2016（平成28）年現在、9路線で10箇所ある。

　最近では、電気車に地上からの信号（トランスポンダ）を受けて、自動的に電気回路を切替える方式があり、2005（平成17）年に営業開始した、つくばエクスプレス線は車上自動切替方式を採用している。

　図4.1.1は、PWMコンバータ+VVVFインバータ制御+誘導電動機駆動方式の交直流電車の主回路概略図である。パンタグラフは交流と直流で兼用とし、

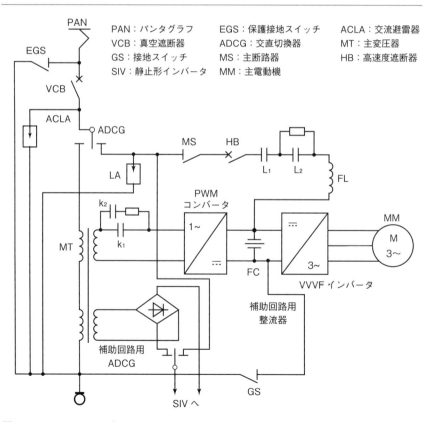

図 4.1.1　PWM コンバータ +VVVF インバータ制御方式の交直流電車の主回路

スイッチ（交直切換器）で主回路の切替えを行っている。

電気車が交直セクションを通過する際に、所定の切替動作が行われなかった場合に、電気車の電気回路に致命的な損傷を与えないようにセクション長を決めている。

また以前は、セクション通過時に電気車の照明は一旦消灯していたが、最近は車両の直流電源（バッテリ）により継続して点灯しているため、セクション通過に気付かないことがある。

当初は、東海道線米原（直流）と北陸線田村（交流）間は蒸気機関車による連絡、東北線の黒磯では、以南が直流、以北が交流電気鉄道のため、黒磯駅に交直切替設備を設けて、電気機関車が切替区間に進入すると機関車を交流専用または直流専用に付け替えて、さらに地上設備で交直の切替を行っていた。その後、その他の線区は、駅中間に交直セクションを設けて、一斉惰行順次力行方式としていた。

現在はすべて交直セクションが設られており、走行しながら電源を切り替えている。

表4.1.1は交直セクションの所要長さである(6)。

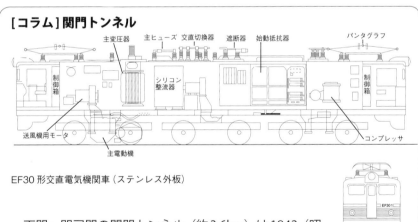

[コラム] 関門トンネル

EF30形交直電気機関車（ステンレス外板）

下関〜門司間の関門トンネル（約3.6km）は1942（昭和17）年に開通し、直流1 500Vの電気運転であったが、1961（昭和36）年6月に鹿児島本線が交流20kVで電化されて、門司駅が交流化になり、関門トンネルの九州側出口をでて平坦になった箇所の上下線に交直デッドセクションが設けられた。一方、編

成の長い貨物列車は、海底トンネル出口の登坂中に惰行運転が発生しないように、北九州貨物ターミナルに向かう途中の下り線に直流から交流へ切替えるデッドセクションが設けられている。

　関門トンネル区間の旅客列車および貨物列車を牽引する専用の交直電気機関車として、最高速度85km/h、22‰の上り勾配で1両当たり600トンの荷重を引き出せる、当時発展途中のシリコン整流器を搭載したEF30形電気機関車が登場した。重連で、1 200トンを牽引している。前ページの図はEF30形電気機関車であり、海底トンネルを通るので錆対策として、ステンレス外板を用いている。

　下図は、EF30形の保存機と交流→直流デッドセクションの転換標識である。

北九州市門司区の和布刈(めかり)公園で静態保存されるEF30形(1号機)

予告標識　　　　　　　　　　交直転換標識

第4章　直流電気鉄道と交流電気鉄道の境界

表 4.1.1　交直セクションの所要長さ

項目		交流(AC)→直流(DC)	直流(DC)→交流(AC)	機関車速度〔km/h〕
所要セクション長	1969（昭和44）年以前	AC　FRP　　　A-S　DC ┝8m┥┝12m┥ ┝――20m――┥	DC　FRP　　　　FRP　AC ┝8m┥┝―29m―┥┝8m┥ ┝――――45m――――┥	95
	1969（昭和44）年以降	同　上	DC　FRP　　　　FRP　AC ┝8m┥┝―44m―┥┝8m┥ ┝――――60m――――┥	110

2　セクション冒進時の保護方式とセクション長

1. 交流から直流への切替

電気車が交流回路のままで直流1.5kVが加わった場合には、主変圧器一次コイルに大きな電流が流れ、主変圧器と直列に挿入されているヒューズが溶断して回路を遮断する。

この方式は非常に単純であり、検出時間要素も不要であるので、所要セクション長さは電気機関車の前後パンタグラフ間隔（12~15m）+絶縁セクション長さ（8m程度）で、約20m~25m程度あれば良く、電気車の速度には無関係である。図4.2.1および図4.2.2に交流→直流セクションの例を示す(7)(15)。

[コラム]つくばエクスプレス交直流電車

　つくばエクスプレスの快速電車として、秋葉原~つくば間を結んでいる。交流区間・直流区間ともに電力回生が可能であり、交流区間では高力率制御により電車線電流を低減できる。デッドセクションは信号で検知して、運転士に代わり自動的にノッチオフなどの所定の動作を行っている。

TX-2000系交直流電車（PWMコンバータ+VVVFインバータ制御）

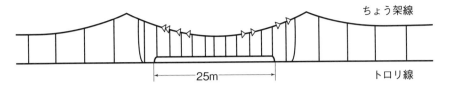

図 4.2.1 交流→直流セクションの例

図 4.2.2 交流→直流セクションの外観例（左は死線標識、羽越本線村上付近）

2. 直流から交流への切替

電気車が直流回路のままデッドセクションに冒進した場合には、架線電圧零を検出して電気車の遮断器を開放し、交流区間進入時には交流20kVから電気車主回路を完全に切り離す状態とする。

図4.2.3はEF81形電気機関車が直流区間からデッドセクションに進入したときの電気車速度とアーク長の実測結果である(6)。アーク長は約1mであり、電気車速度が速くなるとアーク長は短くなる傾向にある。これは、風によりアークが収縮するためと考えられる。

この方式でのセクションの所要長さは、セクション進入時のアーク時間、電気車残留電圧の減衰時間、電気機関車の前後のパンタグラフ間隔、および電気機関車の最高速度などによって定まり、45m〜60mとしている。図4.2.4は直流→交流セクションの例である(15)。

3 直流遊流阻止対策

交流と直流の突合せ箇所では、次の理由により直流遊流阻止装置を設けている。

第4章　直流電気鉄道と交流電気鉄道の境界

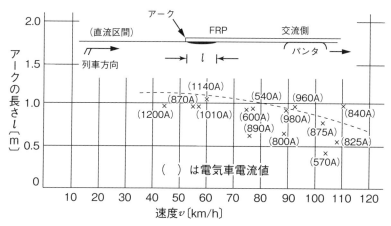

図 4.2.3　電気車の速度とアーク長　出典:『電気鉄道ハンドブック』(コロナ社)

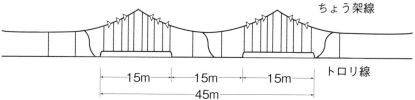

図 4.2.4　直流→交流セクションの例

> ①直流区間から交流区間への直流遊流を低減する。
> ②交流区間に直流単軌条方式の信号回路を用いている箇所で、直流電気車の帰電流が、レールを通して信号回路に悪影響を与えないようにする。
> ③地磁気観測所が付近にある場合は、直流遊流が観測に影響を与えないようにする。直流電気鉄道において許容される地磁気じょう乱量は0.1nT (ナノテスラ、ナノは10^{-9}) 以下を目標としている。関東では石岡市柿岡町に地磁気観測所があり、地磁気観測所から35km圏内では、交流電気鉄道または非電化区間としている (6)。

　図4.3.1および図4.3.2は直流区間と交流BT区間の突合せ、図4.3.3は直流区間と交流AT区間の突合せにおける、直流遊流阻止装置の構成である (6)(15)。

　電車線側の交直電源区分用デッドセクション位置に合わせて、列車で直流区間と交流区間のレールを短絡しないように、その線区を走行する最大列車

[コラム] 地磁気観測所（6）

　地磁気および電気観測所は、気象庁（鹿児島県鹿屋市、茨城県石岡市柿岡、北海道女満別町）名古屋大学空気電研究所、東北大学女川火山・津波・磁気観測所などがある。

　特に柿岡は世界に4箇所設置されている、赤道環電流の強さを表す指数（Dst指数）を決定するための、国際標準観測所の1つである。

　電気設備技術基準第43条に「直流の電線路、電車線路および帰線は地球磁気観測所または地球電気観測所に対して観測上の障害を及ぼさないように施設しなければならない」と定められている。直流電気鉄道が地磁気観測に影響を与えない地磁気擾乱量は、1956（昭和31）年に運輸省に設置された「地磁気擾乱対策協議会」において、国際的な取り決めに基づく地磁気変化記録の読取り最小単位として0.3nT（ナノテスラ）と決められた。その後、ディジタル計測値による報告について国際的な取決めがなされ、0.1nTを最小単位とする報告がなされている。

　これらの状況を考慮して、直流電気鉄道において許容される地磁気擾乱量として0.1nT以下を目標としている。

米国バージニアの地磁気観測所の観測機器（1983[昭和58]年2月）

長（約600m）以上離して、2箇所にレール絶縁を挿入する。この箇所を列車の車輪が短絡・開放する際にレール電流を遮断してアークが出るおそれがあるため、コンデンサにより直流電流が交流区間に流出するのを阻止し、吸上変圧器により強制的に2箇所のレール絶縁間（ab）の交流電流を吸上げて列車を通して電流が流れないようにするとともに、レール絶縁箇所(b)の電圧差を小さくして、車輪からアークが出ないようにしている。

第4章　直流電気鉄道と交流電気鉄道の境界

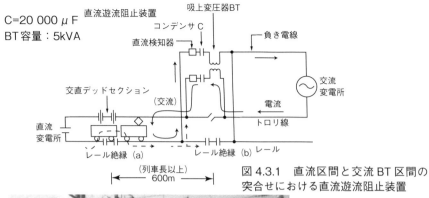

図 4.3.1　直流区間と交流 BT 区間の突合せにおける直流遊流阻止装置

図 4.3.2　直流遊流阻止装置の外観（水戸線小山付近）

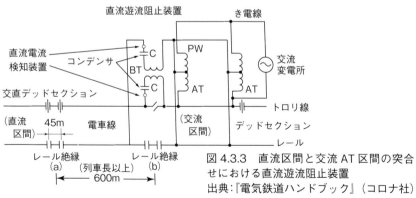

図 4.3.3　直流区間と交流 AT 区間の突合せにおける直流遊流阻止装置
出典：『電気鉄道ハンドブック』（コロナ社）

　コンデンサは200V、20 000μF（0.159Ω）、吸上変圧器は過電流で飽和する容量で5kVAである。

　直流電気鉄道と交流電気鉄道の接続点に、直流遊流阻止装置が設置されて

109

いるのは、常磐線、水戸線、およびつくばエクスプレス線の3線区・3箇所である。

[コラム] EF81形交直流電気機関車

　北陸本線の電化延伸、羽越本線の電化に備え、交流50Hz・20kV、直流1 500V、および交流60Hz・20kV交流区間を走行する電気機関車として、1969（昭和44）年にEF81形の先行試作車が登場した。直流区間の客車暖房用にインバータ装置を持っている。主に日本海縦貫線用に投入されたが、安定した実績から、関門トンネル、東北本線や常磐線にも投入されている。

　直流区間では前後2台のパンタグラフで集電するが、交流区間では後部の1個のパンタグラフで集電する。一時間出力は、直流区間が2 550W、交流区間が2 370kWである。

「トワイライトエクスプレス」の牽引も担当したEF81形。直流区間に入る前にはパンタグラフの作動確認が行われ、運転士はパンタグラフが上がっているか顔を出して確認する　写真提供：高橋茂仁

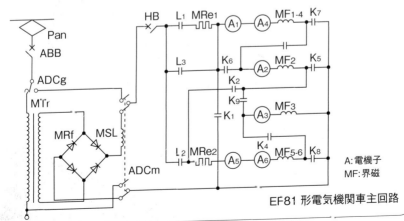

EF81形電気機関車主回路

A：電機子
MF：界磁

第5章 海外の電気鉄道とセクション

イタリア・ボローニャ駅における、振子式高速電車ペンドリーノ「ETR480」、最高速度250km/h。直流3 000V・交流50Hz・25kV動力分散方式・強制振子（最大傾斜角8°）を搭載している

　海外各国でも鉄道の電化は進められているが、その様相は日本とは大きく異なり、直流は3 000V、交流は25kV方式が主流となっている。

　欧州にはドイツ語圏内の16.7Hz単相15kV方式のように日本にはない電気方式が多くあり、電気車はこれらのき電方式を直通で走行するため、多電源方式の電気車になっている。交流－交流の異相セクションは2組のエアーセクションで構成され、中間が無加圧である。電気車は車上の遮断器を開放して惰行で通過する。交直セクションは3つのセクションで構成され、中間で2つのレールに接続した無加圧区間を設けて冒進したときの保護を行っている。電気車は直流または交流専用のパンタグラフに交代する。

　欧州のセクションは各国で独自の構成になっていたが、2002（平成14）年に欧州連合からのTSI　エネルギー技術標準の発効に伴い、新線区間は欧州統一基準に従うことになっている。

1 海外の電気鉄道（1）

　直流き電方式は当初は500V～600Vであったが、現在は世界的には3 000V方式が主流で、次いで1 500V方式である。

　交流き電方式は、1898（明治31）年にスイスのユングフラウ線で40Hz・650V（最初は38Hz・500V）で、巻線形誘導電動機を用いた、三相交流方式の登山電車が実用化されている。その後、オーストリアやドイツなどで単相整流子電動機を用いて、16.2/3Hzで11kV～15kVの単相交流の特殊低周波方式が採用された。

　図5.1.1はドイツ鉄道の16.7Hzき電方式（2004［平成16］年から16.7Hzと呼称）

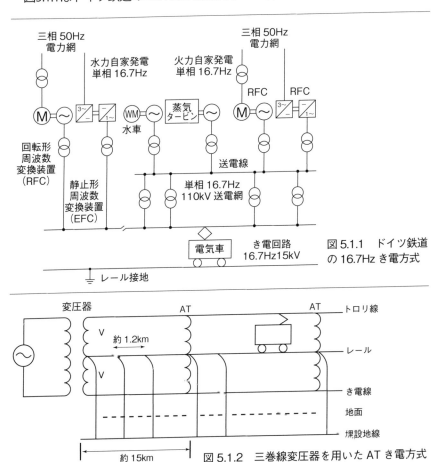

図5.1.1　ドイツ鉄道の16.7Hzき電方式

図5.1.2　三巻線変圧器を用いたATき電方式

第5章 海外の電気鉄道とセクション

表 5.1.1 電車線路の電圧（IEC60850Ed.4（2014））

周波数(Hz)	短時間最低電圧(V)	最低電圧(V)	公称電圧(V)	最高電圧(V)	短時間最高電圧(V)
直流	500	500	750	900	1 000
	1 000	1 000	1 500	1 800	1 950
	2 000	2 000	3 000	3 600	3 900
交流 16.7	11 000	12 000	15 000	17 250	18 000
50/60	17 500	19 000	25 000	27 500	29 000

（注）短時間最低電圧は2分以内、短時間最高電圧は5分以内で許容される。

であり、周波数変換装置や発電所による独自の16.7Hz送電網を持っており、き電回路は直流き電方式と同様に並列き電であり、基本的に異相セクションは存在しない。電車線路は架線とレール、およびレールに並列に接続された架空帰線（RC：return conductor）からなる直接き電方式である。

さらに、ドイツが基礎を構築した商用周波単相交流20kVき電方式について、第二次世界大戦後の1948（昭和23）年～1951（昭和26）年にフランスが完成させ、さらに電圧を20kVから25kVに昇圧して実用化した。この25kV方式は世界の交流電気鉄道の標準電圧になっている。

その後、交流電気鉄道は、車両に搭載する半導体整流器の進歩と、大電流の供給に適した商用周波ATき電方式の開発により、高速鉄道のき電方式として世界的に普及している。

図5.1.2はフランス系の高速鉄道のATき電回路の例であり、三相電源から単相変圧器で受電し、変圧器は三巻線として、き電側中性点を接地するとともにレールに接続している。これにより、変電所の近くの負荷に対してはトロリ線側の巻線から直接負荷に電力を供給することができ、日本で用いているATは不要となっている。AT間隔は15kmが一般的であり、各ポストのAT中性点を接地している。

また、列車運行時間帯に保守などで線路敷に入ることを想定して、レール電位を低減するために、線路に並行に埋設地線などを設けて数km間隔でレールに接続している。

表5.1.1は国際規格（IEC）に示されている電車線路の電圧である。日本の新幹線は標準電圧（公称電圧）は25kVで同じであるが、初めての200km/h以上の高速運転ということで余裕を見て、最高電圧30kV、最低電圧22.5kV、

> **[コラム] 日本の電車線路電圧**
> 　日本の電車線路の電圧は、日本の新幹線での使用期間や非常に大きい輸送実績から、日本としては世界標準（実質は欧州標準）の最高電圧 27.5kV は不適切であることを主張して、一時は国際規格の表にも新幹線方式が加えられていたが、日本の電圧はいまでは表外に「必要な輸送力が大きくて大電力のき電が必要な場合」など、理由とともに注記されている。
> 　同じ理由で中国も新幹線と類似の基準を用いており、いまでは日中の方式が de facto standard 化しつつある。

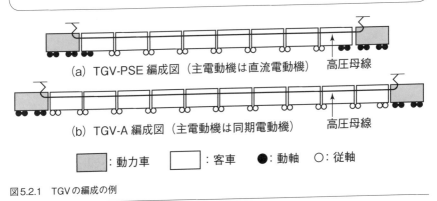

図 5.2.1　TGV の編成の例

瞬時最低電圧 20kV としたため、これらの値が異なっており、本文の表にはなく 25kV の実施例として付表に記載されている［※コラム］。

2　高速列車とパンタグラフ

　欧州の代表的な高速列車として、フランス国鉄の TGV（Train á Grande Vitesse）と、ドイツ鉄道の ICE（InterCity Express）について説明する (1)(6)。

1. TGV（SNCF）

　フランス国鉄（SNCF）の電化区間は直流 1 500V と交流 50Hz・25kV である。図 5.2.1 は TGV の編成であり、両端に動力車（日本でいう機関車）を配置し、中間は連節台車を使用した客車としている。主電動機は最初（1981［昭和 56］年）の南東線の TGV-PSE（Paris-Sud-Est）は直流電動機で、その後（1989［平成元］年）の大西洋線の TGV－A（Atlantic）からは同期電動機として主

第5章　海外の電気鉄道とセクション

図5.2.2　TGV-A（斎藤勉氏提供）

図5.2.3　TGV-AのGPUパンタグラフ（島田健夫三氏提供）

電動機の数を減らしている。TGV-Aの電力変換器は電流形インバータを用いており、発電ブレーキで、電力回生ブレーキは使用していない。両者の電源は、交流50Hz・25kV、および直流1 500Vである。図5.2.2はTGV-Aである。

1994（平成6）年開業の英仏トンネルを通るTGV－Eurostar（ユーロスター）は、両側に動力車を配置し、電圧形変換器を用いて誘導電動機を駆動している。電源は交流50Hz・25kV、直流3 000V、および直流750Vである。

さらに、1994年の北ヨーロッパ線開業に合わせてTGV-R（Reseau）が開発されている。4電源方式で、交流50Hz・25kV、16.7Hz・15kV、直流1 500Vおよび直流3 000Vである。

TGVは前後の動力車に電流容量の異なる、直流、交流用のパンタグラフ（シングルアーム）を1台ずつ搭載している。前後の動力車間は屋根上の特別高圧母線で接続されており、交流区間走行時は後部の動力車のパンタグラフのみを上げて走行する。直流区間走行時は前後の動力車のパンタグラフを上げて走行し高圧母線で結ばれる。すり板はカーボンである。

図5.2.3はTGV-Aから登場したGPUパンタグラフで微小変位に追随する役目を大きな筒形の内部にあるバネに持たせている。

2. ICE（DBAG）

ドイツ鉄道（DBAG）のICEは、最初、前後に動力車2両と客車12〜14両の半固定編成のICE1が1991（平成3）年に登場した。電気方式は交流16.7Hz・15kVでVVVFインバータ制御による誘導電動機

図5.2.4　プッシュプル運転（本来の）の概念

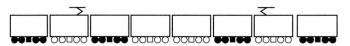

●：動軸　○：従軸　■：変換装置　□：主変圧器

図 5.2.7　ICE 3の編成

図5.2.6　ICE1（斎藤勉氏提供）

図5.2.8　スペインのAVE　S-130用シングルアームパンタグラフ（上昇：直流用、下降：交流用）（斎藤勉氏提供）

駆動である。

　前後のパンタグラフを一台ずつ上げて走行し、特別高圧母線はない。図5.2.6はICE1の外観である。パンタグラフはシングルアームである。

　次いで1997（平成9）年から、輸送量の少ない線区向けに、動力車1両と客車7両のプッシュプル運転によるICE2が運転を開始した。プッシュプル運転（本来の）とは、図5.2.4（前頁）に示すように、動力車と反対側に運転台付きの客車を連結して、動力車の付け替えを不要にしたものである。動力車に1台のパンタグラフを搭載している。

　ICE2は走行安定性から、動力車が先頭のときは最高速度280km/h、制御客車が先頭のときは最高速度200km/hで走行する。

　2000（平成12）年から、ケルン〜フランクフルト間の新線用として、ICE3が運行を開始している。

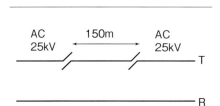

図 5.3.1　交流異相セクションの構成

　図5.2.7はICE3の編成であり、最高速度300km/h（フランス国内走行時は320km/h）、最急勾配40‰を考慮して4M4Tの動力分散方式として、単位質量当たりの出力をICE 2の2倍にしている。

ICE3は、交流専用方式、3電源式（交流16.7Hz・15kV、交流50Hz・25kV、直流1 500V）、および4電源式（3電源式に直流3 000Vを追加）がある。PWMコンバータ+VVVFインバータ制御による誘導電動機駆動で、電力回生ブレーキを併用している。

交流区間を走行中は搭載している交流パンタグラフを1台上げて走行する。オランダは直流1 500Vであるので、交流パンタグラフ以外に2台の直流パンタグラフを搭載しており、直流区間は2台のパンタグラフを高圧母線引通しで使用する。

すり板は、ドイツは交流用がカーボン、直流用はメタライズドカーボンである。

図5.2.8はスペインの2電源式（交流50Hz・25kV、直流3 000V）のAVE S-130用シングルアームパンタグラフで、上昇しているのが直流用、折り畳んであるのは交流用である。

3 海外のセクションの現況（16）

ヨーロッパでは、セクションの両側の電圧や位相が異なるものを全てニュートラルセクションと定義している。そのため、交流異相セクションと交直セクションの両方をニュートラルセクションと呼んでいる。

ヨーロッパの場合は、交流区間では1編成1台のパンタグラフで、2編成の場合は2台のパンタグラフになるが、編成間の特別高圧母線の引通しは行われていない。

以下に主にフランス国鉄とドイツ鉄道で用いられている、セクションについて述べる。韓国の高速鉄道などもフランスの技術を継承している。

図5.3.2 (a) TGV南東線の変電所前異相セクション

図5.3.2 (b) 単相変圧器とき電引出し

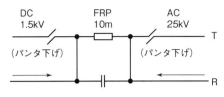
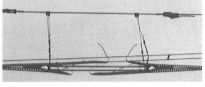

図 5.3.3　交直セクションの構成

図 5.3.4　ドイツ鉄道の同相セクション（島田健夫三氏提供）

1. 交流異相セクション (16) (17)

　図 5.3.1 に TGV 走行区間の交流異相セクションの構成を示す。異相セクションは 2 つのエアーセクションで構成され、中間に約 150 m の無加圧区間を設けている。中間の無加圧区間は列車長さと同程度か、それ以下であり、150 m 〜 400 m である。ヨーロッパのき電電圧は 25 kV（最高 27.5 kV）で、単相受電であるので、2 つの相間の位相差は 120°となり、異相間の必要な絶縁離隔は 400 mm（IEC60913）である。フランスでは平行部分（オーバラップ）の離隔は、100 mm の余裕を見て 500 mm としている。

　図 5.3.2 は TGV 南東線の変電所前の異相セクションである。

　異相セクション箇所における車両の最高速度は 320 km/h であり、運転士はパンタグラフを上げたままで車両の遮断器を開放して惰行で通過するのが基本である。しかし、手動操作が行われなかった場合は、機械的バックアップとして、線路上の地上子からの地点検知信号をうけて車両の遮断器は開放されて惰行する。

　何らかの原因で惰行に移らず力行のままで冒進した場合は、約 150 m の無加圧セクションの無電圧を検知して、車両の主回路を開放するようになっている。

　最近は、地上子からの信号で、車両の遮断器を自動的に開放して惰行で走行する、自動切換方式が採用されており、高速での運転士の操作ミスの軽減が図られている。

　異相セクションは全体で 1 〜 2 km に及び、列車のセクション通過に伴い約 10 秒の無電圧時間が発生するため、高速鉄道では一時的に速度が大きく低下する。

2. 交直セクション (1) (16) (17)

　フランス国鉄における直流 1 500 V と交流 25 kV の突合箇所（交直セクショ

ン）は、図5.3.3に示すように、3つのセクションで2つの無加圧区間を設けている。

フランス国鉄の車両のパンタグラフは、直流区間と交流区間では、走行速度と電流容量が異なるので、パンタグラフを2種類に分けている。したがって、交直セクション通過時は、セクション進入前にパンタグラフを降下して、セクション通過後に、該当する電源用のパンタグラフを上昇して力行している。

通過時の最高速度は、構成上200km/h以下である。

セクション箇所において、車両がパンタグラフを上げて冒進した場合は、直流側および交流側の無加圧区間に設けられている保護用のT-R短絡線によって、車両のパンタグラフとレール間が短絡状態になるので、き電用変電所の保護継電器が短絡故障を検出して、き電停止になり回路は保護される。

他の国と比較すると、フランスとイタリアは3箇所の絶縁区分であるが、ドイツは4箇所の絶縁区分である。また、絶縁されたニュートラルセクションの接地方法と、絶縁区分がエアーセクションかFRPセクションかなどに若干の相違がある。

3. 交流同相セクション

ヨーロッパの交流同相セクションは、速度250km/h以上の高速新線に、25km～30kmおきに設定されている、160km/h～200km/hで走行できる高速わたり線の中央に架設されている。図5.3.4はドイツ鉄道の同相セクションである。

フランスの高速わたり線は、本線との分岐は架線が交わらない無交差式で、上下線の中央にFRP製の同相セクションがあり、最高速度220km/hの仕様になっている。

交流25kV用同相セクションの絶縁離隔はIEC60913では150mmを下回らないように規定されており、一般に220mmが用いられている。

4 海外の高速鉄道のセクションの動向

ヨーロッパの高速鉄道ではエアーセクションの平行部分（オーバラップ）は3径間（引留めから引留めで5スパン）・径間中央で交差するものが多かったが、最近は低コスト化で日本の新幹線と同様に2径間で、中央支持点で

交差するものが多くなっている。

　海外では車両の遮断器は多頻度開閉仕様とし、ニュートラルセクションでは、通過のたびに遮断器を開閉して無負荷で通過するのが一般的である。ヨーロッパのセクションは各国で独自の構成になっていたが、2002（平成14）年に欧州連合（EU：European Union）からのTSI　Energy技術標準（18）の発効に伴い、新線区間は欧州統一技術基準に従うことになった。

　以下に、IEC62488-2010の付属書Aに示されている速度200 km/h以上に対応したカテナリタイプのニュートラルセクション、およびTSI-2014に示されている速度200 km/h以下のFRPタイプのニュートラルセクションについて示す。

　パンタグラフの静的押上げ力は欧州規格（EN 50367）によれば70Nであり、日本の新幹線の54Nに比べて高く、1.3倍程度になっている。揚力はTGV大西洋線のGPUパンタグラフなどでは80N（270km/h）であり、日本より高い。

1. 速度200km/h以上のカテナリタイプセクション (17) (19)

　ヨーロッパの速度200km/h以上用の交流異相セクションはカテナリタイプであり、以前から使用されている図5.4.1の長区間形ニュートラルセクションと、最近開発された図5.4.2の分割形（多重）ニュートラルセクションがある。

　ヨーロッパの場合、交流区間では1編成に1台のパンタグラフであり、2編成の場合も特別高圧母線は引き通されていない。TSIでは1列車のパンタグラフ間最大距離（舟体の両外側）を400m以下、同一列車内ユニット間のパンタグラフ間最小距離（舟体の内側）を143m以上と規定している。

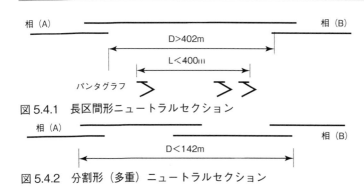

図5.4.1　長区間形ニュートラルセクション

図5.4.2　分割形（多重）ニュートラルセクション

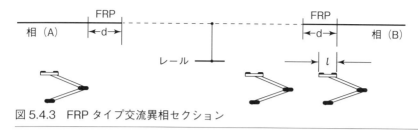

図 5.4.3　FRP タイプ交流異相セクション

　2007（平成19）年開業のTGV東線は、図5.4.2のTSI Energy 技術標準に従った分割形（多重）エアーセクション構成になっており、セクション長を、これまでの車両の遮断器を開放する区間だけでも1kmに及ぶ方式から、142mまで短縮した。

　また、国際規格（IEC62313-2009）によると、高速鉄道ではセクション位置をユーロバリス（日本でいうトランスポンダ）などで車上に伝送し、車両で遮断器を自動開閉する方式を基本としている。この方式によれば、セクション通過時の運転士の操作はなくなり、無電圧時間は約1.8秒程度に短くなって信頼性が向上する。

2. 速度 200km/h 以下の FRP タイプセクション (19)

　FRP絶縁体を伴うニュートラルセクションの構成は図5.4.3に示すようであり、走行速度は200km/h以下である。点線の金属部分はレールに接続されており、セクション全体の長さが8m以下、絶縁体の長さdはシステムの電圧と速度によると規定されている。パンタグラフ舟体の最大幅は65cmであるので、絶縁体の長さは65cm超になる。

　パンタグラフを上げたまま、運転士が車両の遮断器を開放して無電圧で通過するが、車両の遮断器が開放されずにセクションに進入して、FRP絶縁体でアークが遮断できない場合は、変電所で短絡電流を検出して、き電停止になり回路は保護される。

　一方、日本の新幹線で用いられている切替セクション方式は、日本の新幹線方式を採用した台湾高速鉄道以外にないが、フランス、韓国、スペイン、および中国などで、日本の切替セクションに類似した切替方式の開発が行われている。

3. 交直流境界の直流遊流阻止装置

　韓国のソウルやイタリア鉄道では、交流セクションに直流遊流阻止装置が

設置されている。ソウルの国鉄線は60Hz単相交流25kV・ATき電方式であり、ソウル市営地下鉄1号線(ソウル地下駅～清涼里地下駅間／9.5km)は直流1 500V方式で、両端の駅で地上に出て国鉄線に相互乗り入れできる設備である。交流と直流の突合せになる、ソウル地下駅と清涼里地下駅では、日本の国鉄の技術協力で、コンデンサ＋吸上変圧器に代わってタイトランス(3 000kVA)を用いた、図5.4.4のタイトランス方式直流遊流阻止装置が設置され、1974(昭和49)年8月に開業した(17)。

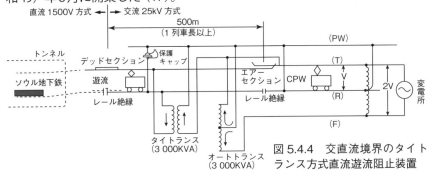

図 5.4.4　交直流境界のタイトランス方式直流遊流阻止装置

[コラム] 台湾高速鉄道 (1) (6)

　台湾高速鉄道は、台北～高雄間345kmを最高速度300km/h、90分で結ぶものであり、2007(平成19)年3月に全線開業した。地上電気設備および車両は日本の企業連合が受注し、電力設備は台湾電力の161kV回線から受電し、スコット結線変圧器で三相二相変換を行い、方面別にき電している。き電方式は2×25kVの60Hz単相ATき電方式で、き電電圧は日本の新幹線と同様である。変電所およびき電区分所では切替セクションがあり、日本の新幹線と同様に切替開閉器により異相電源の切替を行っている。

　AT間隔は新幹線が約10kmに対し台湾高速鉄道は約15kmと長く、さらに事故時の上下線間の停電の波及を考慮して、上下線を結ぶタイは行っていない。そのため、列車が折り返す駅では上下わたり線にデッドセクションを設けており、電車は通常使用している前後のパンタグラフ間の特別高圧母線を、電車の屋根上に設けた真空開閉器で開放して通過している。

参考文献

(1) 持永芳文編著「電気鉄道技術入門」pp.5-12、p.107、p.111、pp.124-130、pp.134-138、pp.143-146、pp.279-289、オーム社、平成 20 年 9 月
(2) 監修：持永芳文・望月旭・佐々木敏明・水間毅「電気鉄道技術変遷史」pp.38-47、pp.50-56、pp.70-71、pp.75-80、pp.86-106、pp.451-458、オーム社、2014 年 11 月
(3) 柴川久光「電気運転統計（国内）」鉄道と電気技術、pp.39-44、日本鉄道電気技術協会、2016 年 7 月
(4) 通信教育教科書「電車線路」pp.171-173、日本国有鉄道中央鉄道学園、昭和 55 年 2 月（15 版）
(5) 国土交通省鉄道局監修「解説　鉄道に関する技術基準（電気編）」p.134、日本鉄道電気技術協会、平成 26 年 2 月
(6) 監修：持永芳文・曽根悟・望月旭「電気鉄道ハンドブック」pp.45-49、p.185、p.454、pp.461-465、pp.473-476、pp.498-501、pp.546-548、p.563、コロナ社、2007 年 2 月
(7) 電気概論 電車線シリーズ 3「電車線装置」p.45-49、p.56、p.58、pp.63-65、p.69、日本鉄道電気技術協会、平成 12 年 6 月
(8) 主査：持永芳文「電気概論　シリコン整流器」日本鉄道電気技術協会、平成 28 年 3 月
(9) 鉄道技術推進センター編集「事故に学ぶ鉄道技術（電車線編）」pp.8-11 鉄道総合技術研究所、平成 23 年 4 月
(10) 西健太郎・吉田匡志・石井剛史・出野一郎・倉岡拓也・久須美俊一・大矢明徳「高放熱電車線（TC 型エアセクション）における開発試験」電気学会交通・電気鉄道研究会 TER-08-9 平成 20 年 5 月
(11) 久水泰司・持永芳文・山下慶二・井上敬司「交流 BT き電回路における BT セクションのアーク現象」平成 9 年電気学会全国大会、No.1335、1997 年
(12) 甲斐正彦・横須賀盛之・渡邉紀典・宮本修・薬丸宗弘「新幹線静止形切替用開閉器の開発」鉄道と電気技術、pp.40-44、日本鉄道電気技術協会、2015 年 12 月
(13) 持永芳文・久水泰司・藤江宏史・高野光・濱田博徳「青函トンネルき電回路における非同期電源対策」昭和 62 年電気学会全国大会 No.909、1987 年 3 月
(14) 渡辺寛「交流き電回路に関する研究　―保護継電方式とセクション消弧対策―」鉄道技術研究報告 No.813（電気編第 138 号）、pp.145-151、鉄道技術研究所、1972 年 7 月
(15) 持永芳文「電気鉄道工学」pp.68-69、エース出版、2014 年 9 月
(16) 交流き電調査研究専門委員会（委員長：持永芳文）「国内外の交流き電設備設計技術の調査　報告書」pp.73-78、pp.179-183、日本鉄道電気技術協会、2015 年 3 月
(17) き電システム調査研究委員会（委員長：江間敏、副委員長：持永芳文）「国内外における電気鉄道き電システムの最新の技術動向」日本鉄道電気技術協会、pp.149-154、2010 年 11 月
(18) Technical Specification for Interoperability relating to energy subsystem 2002/733/EC,EU
(19) 島田健夫三「ヨーロッパの電車線と日本の電車線の比較（2）（3）」三和新聞、三和テッキ、2015 年 7 月、9 月

付表1　JR各社の直流電化（1 500V）と営業キロ（2016〔平成28〕年3月現在）

事業者名	線区	起点	終点	電化*ロ (km)	累計 (km)	記事
東日本 2595.1km	東北本線	東京	黒磯	163.3	163.3	田端経由
		日暮里	赤羽	7.6	170.9	
	（埼京線）	赤羽	大宮	18.0	188.9	
	日光線	宇都宮	日光	40.5	229.4	
	仙石線	あおば通り	石巻	49.0	278.4	
	常磐線	日暮里	取手	37.4	315.8	
		三河島	南千住	5.7	321.5	隅田川経由
		三河島	田端	1.6	323.1	
	山手線	品川	田端	20.6	343.7	池袋経由
	赤羽線	池袋	赤羽	5.5	349.2	
	高崎線	大宮	高崎（操）	74.7	423.9	
	上越線	高崎	宮内	162.6	586.5	
	羽越本線	新津	村上	59.4	645.9	
	信越本線	高崎	横川	29.7	675.6	
		篠ノ井	長野	9.3	684.9	
		直江津	新潟	136.3	821.2	宮内経由
	吾妻線	渋川	大前	55.3	876.5	2014年 − 0.3km
	両毛線	小山	新前橋	84.4	960.9	
	越後線	柏崎	新潟	83.8	1 044.7	
	弥彦線	東三条	弥彦	17.4	1 062.1	
	白新線	新潟	新発田	27.3	1 089.4	
	中央本線	神田	代々木	8.3	1 097.7	中央東線
		新宿	塩尻	211.8	1 309.5	
		岡谷	塩尻	27.7	1 337.2	辰野経由
	大糸線	松本	南小谷	70.1	1 407.3	
	篠ノ井線	篠ノ井	塩尻	66.7	1 474.0	
	青梅線	立川	奥多摩	37.2	1 511.2	
	五日市線	拝島	武蔵五日市	11.1	1 522.3	
	武蔵野線	鶴見	西船橋	100.6	1 622.9	
		西浦和	与野	4.9	1 627.8	
	川越線	大宮	高麗川	30.6	1 658.4	
	八高線	八王子	倉賀野	31.1	1 689.5	
	横浜線	八王子	東神奈川	42.6	1 732.1	
	南武線	立川	川崎	35.5	1 767.6	
		尻手	浜川崎	4.1	1 771.7	
		尻手	鶴見	5.4	1 777.1	
	東海道本線	東京	熱海	104.6	1 881.7	
	（東海道貨物線）	浜松町	浜川崎	20.6	1 902.3	東京貨物ターミナル経由
		八丁畷	鶴見	2.3	1 904.6	
		鶴見	東戸塚	16.0	1 920.6	横浜羽沢経由
	（品鶴線）	品川	鶴見	17.8	1 938.4	新川崎経由
	（高島線）	鶴見	桜木町	8.5	1 946.9	東高島経由
	横須賀線	大船	久里浜	23.9	1 970.8	
	鶴見線	鶴見	扇町	7.0	1 977.8	
	海芝浦支線	浅野	海芝浦	1.7	1 979.5	
	大川支線	武蔵白石	大川	1.0	1 980.5	
	根岸線	横浜	大船	22.1	2 002.6	
	相模線	茅ヶ崎	橋本	33.3	2 035.9	
	伊東線	熱海	伊東	16.9	2 052.8	
	総武本線	東京	銚子	120.5	2 173.7	
		錦糸町	御茶ノ水	4.3	2 177.6	
		小岩	金町	8.9	2 186.5	
	内房線	蘇我	安房鴨川	119.4	2 305.9	
	外房線	千葉	安房鴨川	93.3	2 396.2	

付録

	成田線	佐倉	松岸	75.4	2 474.6	
	我孫子支線	我孫子	成田	32.9	2 507.5	
	空港支線	成田	成田空港	2.1	2 509.6	
	鹿島線	香取	鹿島サッカースタジアム	17.4	2 497.0	
	京葉線	東京	蘇我	43.0	2 540.0	
	(高谷支線)	市川塩浜	西船橋	5.9	2 445.9	
	(二俣支線)	西船橋	南船橋	5.4	2 581.3	
	東金線	大網	成東	13.8	2 595.1	
東海 958.4km	東海道本線	熱海	米原	341.3	341.3	
		大垣	美濃赤坂	5.0	346.3	支線
		大垣	関ヶ原	13.8	360.1	垂井線
	中央本線	名古屋	塩尻	174.8	534.9	中央西線
	御殿場線	国府津	沼津	60.2	595.1	御殿場経由
	身延線	富士	甲府	88.4	683.5	
	飯田線	豊橋	辰野	195.7	879.2	
	武豊線	大府	武豊	19.3	898.5	
	関西本線	名古屋	亀山	59.9	958.4	
西日本 2399.7km	東海道本線	米原	神戸	143.6	143.6	
	(北方貨物線)	吹田貨物ターミナル	尼崎	12.2	155.8	宮原操車場経由
	梅田貨物線 (JR貨物)	吹田貨物ターミナル	福島	(10.0)		梅田信号場経由
	草津線	草津	柘植	36.7	192.5	
	奈良線	京都	木津	34.7	227.2	
	片町線	木津	京橋	44.8	272.0	学園都市線
		鴫野	吹田	10.6	282.6	
	関西本線	加茂	JR難波	54.0	282.6	奈良経由
	和歌山線	王子	和歌山	87.5	424.1	
	桜井線	奈良	高田	29.4	453.5	
	大阪環状線	天王寺	新今宮	20.7	474.2	大阪経由
	おおさか東線 (第3種)	放出	久宝寺	(9.2)		大阪外環状鉄道
	桜島線	西九条	桜島	4.1	478.3	
	JR東西線 (第3種)	京橋	尼崎	(12.5)		関西高速鉄道
	北陸本線	米原	敦賀	45.9	524.2	
	湖西線	山科	近江塩津	74.1	598.3	
	七尾線	津幡	和倉温泉	59.5	657.8	交直セクション
	山陰本線	京都	城崎温泉	158.0	815.8	
		伯耆大山	西出雲	71.2	887.0	
	小浜線	敦賀	東舞鶴	84.3	971.3	
	舞鶴線	綾部	東舞鶴	26.4	997.3	
	境線	米子	後藤	2.2	999.9	
	山陽本線	神戸	下関	528.1	1 528.0	
		兵庫	和田岬	2.7	1 530.7	和田岬線
	福知山線	尼崎	福知山	106.5	1 637.2	
	加古川線	加古川	谷川	48.5	1 685.7	
	播但線	姫路	寺前	29.6	1 715.3	
	赤穂線	相生	東岡山	57.4	1 772.7	
	宇野線	岡山	宇野	17.9	1 805.5	
	本四備讃線	茶屋町	児島	12.9	1 818.4	瀬戸大橋線
	伯備線	倉敷	伯耆大山	138.4	1 956.8	
	福塩線	福山	府中	23.6	1 980.4	
	呉線	三原	海田市	87.0	2 067.4	

	可部線	横川	可部	14.0	2 081.4	
	宇部線	新山口	宇部	33.2	2 114.6	
	小野田線	居能	小野田	11.6	2 128.5	
		雀田	長門本山	2.3	2 128.5	
	阪和線	天王寺	和歌山	61.3	2 189.8	
		鳳	東羽衣	1.7	2 191.5	
	関西空港線	日根野	りんくうタウン	4.2	2 195.7	
	紀勢本線	和歌山市	新宮	204.0	2 399.7	
四国 235.4km	本四備讃線	児島	宇多津	18.1	18.1	瀬戸大橋線
	予讃線	高松	伊予市	206.0	224.1	
	土讃線	多度津	琴平	11.3	235.4	
九州 51.1km	山陽本線	下関	門司	6.3	6.3	関門トンネル
	筑肥線	姪浜	唐津	42.6	48.9	
	唐津線	唐津	西唐津	2.2	51.1	
日本貨物 8.7km	東海道本線	吹田貨物ターミナル	大阪貨物ターミナル	8.7	8.7	大阪ターミナル線
計（km）	旅客	6239.7	貨物	8.7	総計	6248.4

付表2　JR各社の交流電化方式（在来線20kV、新幹線25kV）と営業キロ（2016〔平成28〕年3月現在）新幹線の項目のカッコは実キロ（2）

事業者名	方式別電化キロ (km)	線区	起点	終点	方式	電化キロ (km)
北海道	在来線 BT：204.3 AT：152.5 計356.8	函館線	小樽	旭川	BT	170.6
			函館	新函館北斗	AT	17.9
		千歳線	白石	沼ノ端	AT	56.6
			南千歳	千歳空港	AT	2.6
		室蘭線	沼ノ端	室蘭	AT	73.8
		宗谷線	旭川	北旭川（貨物駅）	BT	4.8
		札沼線	桑園	北海道医療大学	BT	28.9
		海峡線分岐線（25kV）	中小国信号場	中小国分岐	AT	1.6
	新幹線 計148.8(148.8)	北海道新幹線(148.8)	新青森	新函館北斗	AT	148.8
東日本	在来線 BT：970.4 AT：716.0 計1686.4	海峡線	中小国	中小国信号場	AT	2.3
		津軽線	青森	中小国	AT	31.4
		東北線	黒磯	盛岡	BT	372.0
		東北線	長町	東仙台	BT	6.6
		（別線）	岩切	利府	BT	4.2
		田沢湖線	盛岡	大曲	AT	75.6
		常磐線（震災復旧で0.6km増）	取手	岩沼	BT	306.3
		奥羽線	福島	羽前千歳	BT	91.9
			羽前千歳	青森	AT	392.6
		羽越線	村上	秋田	AT	212.3
		水戸線	小山	友部	BT	50.2
		仙山線	仙台	羽前千歳	BT	58.0
		磐越西線	郡山	喜多方	BT	81.9
		上越線(25kV)	越後湯沢	ガーラ湯沢	AT	1.8
	新幹線 AT：1 187.9 同軸：6.3 計1 194.2 (1121.3)	東北新幹線(496.5)	東京	（田端）	同軸	6.3
			（田端）	盛岡	AT	529.0
		東北(北)新幹線(178.4)	盛岡	新青森	AT	178.4
		上越新幹線(269.5)	大宮	新潟	AT	303.6
		北陸新幹線(176.9)	高崎	上越妙高	AT	176.9

東海	新幹線 計:552.6(515.4)	東海道新幹線(515.4)	東京	(大崎)	同軸	8.4
			(大崎)	新大阪	AT	544.2
西日本	在来線 計139.2	北陸線	敦賀	金沢	BT	130.7
		博多南線(25kV)(再掲)	博多	博多南	AT	8.5
	新幹線 計812.6(722.3)	山陽新幹線(553.7)	新大阪	博多	AT	644.0
		北陸新幹線(168.6)	上越妙高	金沢	AT	168.6
九州	在来線 BT:462.1 AT:546.5 計1 008.6	鹿児島線	門司港	八代	BT	232.3
			川内	鹿児島	AT	49.3
		日豊線	小倉	津久見	BT	178.9
			津久見	鹿児島	AT	283.7
		長崎線	鳥栖	伊賀屋	BT	20.2
			伊賀屋	長崎	AT	105.1
		佐世保線	肥前山口	佐世保	AT	48.8
		大村線	早岐	ハウステンボス	BT	4.7
		筑豊線	折尾	桂川	AT	34.5
		篠栗線	吉塚	桂川	AT	25.1
		豊肥線	熊本	肥後大津	BT	22.6
		日南線	南宮崎	田吉	BT	2.0
		空港線	田吉	宮崎空港	BT	1.4
	新幹線 AT:288.9(256.7)	九州新幹線(256.7)	博多	鹿児島中央	AT	288.9
日本貨物	在来線	鹿児島線	香椎	福岡貨物ターミナル	BT	3.7
合計	在来線	BT:1 771.2km		AT:1 423.5km		計3 194.7km
	新幹線　営業キロ	AT:2 982.4km		同軸:14.7km		計2 997.1km
	新幹線　実キロ	AT:2 749.9km		同軸:14.7km		計2 764.6km

付表3　第三セクターの交流電化方式(20kV)と営業キロ(2016〔平成28〕年3月現在)(2)

西暦〔年〕	和暦(開業年月日)	線区	起点	終点	電化キロ〔km〕	累計〔km〕	方式	記事
1988	S63.7.1	阿武隈急行	福島	槻木	54.9	54.9	AT	不等辺スコット
2002	H14.12.1	いわて銀河	盛岡	目時	82.0	136.9	BT	旧・東北線
2002	H14.12.1	青い森鉄道	目時	八戸	25.9	162.8	BT	旧・東北線
2004	H16.3.13	肥薩おれんじ	八代	川内	116.9	279.7	AT	旧・鹿児島線
2005	H17.8.24	つくばエクスプレス	守谷	つくば	17.6	297.3	AT	
2007	H19.3.18	仙台空港鉄道	名取	仙台空港	7.1	304.4	BT	不等辺スコット
2010	H22.12.5	青い森鉄道	八戸	青森	96.0	400.4	BT	旧・東北線
2015	H27.3.14	IRいしかわ鉄道	金沢	倶利伽羅	17.8	418.2	BT	旧・北陸線
2015	H27.3.14	あいの風とやま鉄道	倶利伽羅	市振	100.1	518.3	BT	旧・北陸線
2015	H27.3.14	えちごトキメキ鉄道	市振	糸魚川	20.5	538.8	BT	旧・北陸線
2016	H28.3.26	道南いさりび鉄道	木古内	五稜郭	37.8	597.1	AT	旧・江差線

各種の電気鉄道とその車両

国内・海外には輸送特性、地域特性、歴史的経緯から様々な種類の電気鉄道が存在する。ここでは、本編の補足資料として著者が長年撮影してきた写真資料を用いながら、各種の電気鉄道を紹介する　　写真：持永芳文

品川車両基地（現存せず）の車両洗浄装置を通る0系新幹線電車。車両洗浄装置はほとんどの電車基地にあるが、交流25kV電車線との離隔を保つために、左右独立した定置式である

山手貨物線の渋谷～大崎間の直流1 500Vエアーセクションを通過するEF65形直流電気機関車（バーニア制御付き抵抗制御・界磁制御）「北斗星トマムスキー号」（左）。最後尾（右）は今はなき豪華車両「夢空間」のダイニングカー（オシ25-901）

▶ラックレールとピニオン

▲/▶大井川鐵道井川線は、長島ダム建設に伴い、アプトいちしろ～長島ダム間1.5kmに90‰の急勾配があり、歯軌条によるアプト式としている。軌間は1067mmで狭軌であるが、開業時は762mmの特殊狭軌だったため、車両は軽便鉄道並みの大きさである。アプト区間では、ED90形アプト式電気機関車を下り勾配の下端（千頭方）に連結し、ED90形×2+DD20形＋客車＋制御客車（井川方）の編成である。編成は列車によって変更される。DD20形内燃機関車は電化区間以外でも客車を牽引する。き電用変電所は1か所である

▶/▼黒部峡谷鉄道は、黒部川の電源開発のための資材運搬用の鉄道で、日本に4路線ある軌間762mmの特殊狭軌のひとつである。宇奈月～欅平間は20.1kmである、その中間付近の猫又にはき電用変電所がある。電車線電圧は直流600Vである。ED33形（右）は重連で運転される。下は入換用EDS形電気機関車

▶JR北海道785系特急形交流電車。在来線交流電車の量産車として1990（平成2）年に初めてVVVFインバータ制御誘導電動機駆動方式を採用。整流器は混合ブリッジ

129

長崎本線のトンネル内での軌陸車（道路と軌道の両方を走行できる車両）の架線作業車。昇降用作業台があり、後方に接地用パンタグラフが見える

つくばエクスプレスTX-1000系直流1 500V近郊電車の屋根上機器。手前はヒューズ箱である。直流電車の屋根は絶縁された布で覆っている

長崎電気軌道き電区分所前の直流600V方式・エアーセクション。軌間は標準軌1 435mmで、全路線長11.5kmに対して4箇所の変電所がある

▼ゴムタイヤ式の札幌市交通局南北線・直流750Vサードレール方式。水平に取り付けられたタイヤによって、走行路の中央に設置されたT字鋼の案内軌条に沿い走行する。車体はゴムタイヤで大地と絶縁されているため、車両とプラットホームの間には車体接地装置を設けている

▲埼玉新都市交通伊奈線（大宮〜内宿間／12.7km）の1000系電車。東北・上越新幹線の高架に沿って建設されている（三相交流50Hz・600V方式・サイリスタ位相制御・電力回生ブレーキ付き）

北九州市・跨座式モノレール（北九州高速鉄道）。駅では右側の桁の剛体電車線（直流±750V）の上部の接地装置で車体の電荷を放電する

北九州高速鉄道のトラバーサ式分岐装置と剛体電車線路。エアーセクションも設置される

イタリア鉄道（FS）のETR500。両端が動力車で中間客車が11両。直流3 000V方式、パンタグラフは菱形で先頭車と最後尾車にあり高圧母線で引き通してある

台湾鉄路局のE1000型自強号。両端が動力車で、中間に客車を配置。ドイツの技術協力で60Hz単相交流25kV・BTき電方式で電化されたが、その後直接き電方式に変更された。レールは一定間隔で接地されている

イタリア・ローマ市のトラム9100系「Cityway」。軌間1 435mm、直流600V架空電車線路方式である

イタリア・ボローニャ市のトロリバス。2本のトロリポールで直流±300Vを集電する

INDEX

英数字・記号	
50/60Hz 異周波電源の突合せ	93
ATき電方式（ＡＴき電回路）	25,62,74,83,113
BTき電方式（BTき電回路）	62,69
BTセクション	69,83
FRPセクション	42,79,121
M-Tコネクタ	41,43
NFコンデンサ	70
PWMコンバータ	64,93,96,102,117
ＴＣ形エアーセクション	58
VVVFインバータ＋誘導電動機駆動電車	38,48
π型き電	24,32
ΔⅠ形故障選択継電器	52

あ	
アーク消弧試験（BTセクション）	71
アーク	26,81,97,106
アークホーン	42,89
異周波電源混触保護継電器	98
異常時無加圧式セクション方式（セクションオーバ）	55
異相セクション	80,87,118
異電圧セクション	25,46
インシュレータセクション	41
エアージョイント	40,78
エアーセクション	24,39,76,118
永久磁石同期電動機	20
オーバラップ（セクションの）	39,76,119

か	
がいし形セクション	78
回生車（電力回生ブレーキ）	38,60,64,89,93,96,117
回復電圧	70,74
架線終端標識	29
架線電圧補償装置（ACVR）	25,76
滑車式バランサ	37
機械的区分装置（ジョイント）	18,26,78
饋（き）電	18
き電回路の構成	32,62
き電区分所	24,32,62
き電線（直流）	32
き電線（交流）	63
き電タイポスト	33
き電ちょう架線	34
き電電圧	19,62
き電用変電所（交流）	24,62,81
き電用変電所（直流）	24,32,49
距離継電器	85
切替開閉器	89
切替開閉器故障検出継電器	91
切替セクション	25,89
検修庫セクション	43
懸垂がいし	35,65,69
高圧母線	38,56,115
剛体電車線	45
交直セクション	25,103,118
交直流電車の屋根上機器	8,101
交流き電線保護継電器	85
交流き電方式（交流き電回路）	19,62,112
交流ΔⅠ形故障選択継電器	85

さ	
サイリスタ純ブリッジ制御電車	89
サイリスタストッパ方式（セクションオーバ）	56
三相交流 600 Ｖ方式	21,49
三巻線変圧器	82,112
死線標識	29
下枠交差形パンタグラフ	28,95
自動再閉路	52,86
自動張力調整装置	37,65
遮断電流	70,74
車両基地き電	98
集電靴	43

主電動機	20
手動張力調整装置	39
上面接触式第三軌条	43
商用周波単相交流き電方式	18
シリコンダイオード整流器（シリコン整流器）	49
シングルアームパンタグラフ	28,95,115,117
信号軌道回路（列車停止検知）	56,58
吸上変圧器	69,73,108
スコット結線変圧器	82
静止形切替用開閉器	92
セクション（地下鉄）	43
セクション（電気的区分装置）	18
セクションオーバ	54,77
セクション標	58
セクション溶断	57
絶縁離隔	36,67

た

第三軌条	44
惰行標	30
単巻変圧器	74
地磁気観測所	108
ちょう架線	32,43,63
長幹がいし	35,65
張力（トロリ線）	39,65
直流き電方式（直流き電回路）	18,32,52,112
直流高速度遮断器	32,53
直流電動機	20
直流遊流阻止装置	106,121
低圧タップ制御率	73
抵抗セクション	71,99
デッドセクション	24,50,87,106
デッドセクション（第三軌条）	24,44,57
電圧降下対策	25,33,76
電圧変動率（直流）	51
電気的区分装置（第三軌条）	46
電気的区分装置（セクション）	18,26
電気方式（JR）	22
電気方式（公・民鉄）	21

電車線区分標識	29
電車線の引留	37,65
電車線路がいし	34,65
電車線路の電圧	33,62,113
電力貯蔵装置	60
同軸ケーブルき電方式	62
同相セクション	26,78,80,98,119
特殊低周波き電方式	112
特別高圧母線	27,64,83
トロリ線	18,32,45,63
トロリ線の偏位	34,65
トロリ線の離線模擬試験（アーク発生試験）	81
トロリ線溶断防止対策	58
トロリポール	27

は

バネ式バランサ	37
パンタグラフ	27,28,95,115
菱形パンタグラフ	28
ビューゲル	59
標準電圧	33,51,63
避雷器	36,67
複電圧電車	48
不等辺スコット結線変圧器	85
変圧ポスト（ATP）	62
変電所間隔	32,62
保護線	63
ポリマがいし	36,79

ま

埋設地線	113
無負荷励磁突入電流（車両変圧器）	88

や

誘導電動機	20
翼形集電装置	95

ら

力行標	30
ルーフ・デルタ結線変圧器	82
レール絶縁	25,96,108
連絡遮断装置	52,77

おわりに

電気鉄道は直流方式と交流方式があり、2016（平成28）年3月現在でJRと民鉄を合わせて、直流方式が約10 900km、交流方式（在来線）が3 750km、新幹線が2 850kmで、電気鉄道は鉄道の輸送量の95％以上を占めている。

変電所から電車線へ電力が供給され、電車はパンタグラフ（集電装置）で集電している。電車線路には各種のセクションがあり、電気的に区分されている。セクションはパンタグラフで短絡して、開放されるため、離線やアークによる損傷がないように、電線相互の離隔、通過方法やアーク消弧方法の工夫がされていることを述べた。

特に新幹線では運転士が高速でノッチオンで通過できるように、エアーセクションと切替開閉器を組み合わせて、短時間の停電で切替セクションの電源を切替えている。

トロリ線は有限長であり、温度変化による電車線の伸縮を調整するために、電車線の境には機械的区分装置であるジョイントが存在する。

電車への電力供給（き電）は、トロリ線とパンタグラフによる接触集電を行っており、電車の電動機を駆動した帰線電流の経路は見落としがちであるが、レールなどを帰線にして変電所に戻っており、き電回路全体を理解することは大事である。このため、本書では、電力供給方式（き電方式）についても、基本的なことを述べた。

EF66形直流電気機関車（バーニア制御付き抵抗制御・界磁制御）。本形式は高速貨物列車牽引機として1966（昭和41）年に開発。総出力3 900kWは、当時狭軌では世界最大であった

JR貨物EH200形直流電気機関車。2車体連結8軸駆動、3レベルVVVFインバータで誘導電動機を駆動制御する。急勾配区間での牽引性能を確保している

新幹線60kVき電用真空遮断器。この遮断器により、交流ATき電回路へ電力を供給する

断路器の開閉部に真空スイッチを組み合わせた負荷断路器・負荷電流の開閉が可能で、交流き電系統の変更に用いる

　筆者は鉄道総合技術研究所で、き電回路に関する研究・開発に従事してきた。セクションについては、アークの振舞いなどの電気的な現象解析、新幹線の切替開閉器に関する現象解析や故障検出・保護システムの開発などを行った。本書では筆者の経験に基づいて、主にセクションについて電気現象面から解説を行っている。

　執筆の依頼があったときは、セクションだけで単行本としてまとまるか危惧したが、実際に執筆すると、各種の区分装置があり、関連する根拠や電気現象を説明することで、ある程度まとまった内容になったと考えている。

　本書が電力供給方式と電車線のセクションとジョイントの構成について、読者の皆様に興味を持っていただくとともに、ご参考になれば幸いである。

2016年8月　　　　　　　　　　　　　　　　　　　　　　　　　　　持永芳文

東海道・山陽新幹線の電気軌道総合試験車T4編成「ドクターイエロー」。7両編成で最高時速270km/h。トロリ線の偏位、高さ、摩耗、電車線路の電圧、切替セクションの無電圧時間などの検測を行う　（JR東海提供）

日本の技術協力による台湾高速鉄道700T電車。12両編成で定員900名。PWMコンバータ＋VVVFインバータによる誘導電動機駆動で動力分散方式である。苗栗付近

戎光祥レイルウェイリブレット2
電気鉄道のセクション
―直流・交流の電力供給と区分装置

2016年9月30日　初版初刷発行

著　者　　持永芳文

発行人　　伊藤光祥
発行所　　戎光祥出版株式会社
　　　　　〒102-0083　東京都千代田区麹町1-7　相互半蔵門ビル8F
　　　　　TEL：03-5275-3361　FAX：03-5275-3365
　　　　　URL：http://www.ebisukosyo.co.jp/
　　　　　mail：info@ebisukosyo.co.jp

制作協力　　曽根 悟
編集協力　　株式会社イズシエ・コーポレーション
印刷・製本　株式会社シナノパブリッシングプレス

©Yoshifumi Mochinaga 2016 printed in Japan
ISBN 978-4-86403-209-4